이란 페르시아 문화 기행

이란 페르시아 문화 기행

2017년 2월 7일 초판 1쇄 인쇄
2017년 2월 11일 초판 1쇄 발행

글쓴이 윤병모
펴낸이 권혁재

편집 김경희
출력 CMYK
인쇄 한일프린테크

펴낸곳 학연문화사
등록 1988년 2월 26일 제2-501호
주소 서울시 금천구 가산동 371-28 우림라이온스밸리 B동 712호
전화 02-2026-0541~4
팩스 02-2026-0547
E-mail hak7891@chol.net

ISBN 978-89-5508-364-4 93980

이란
페르시아
문화 기행

윤병모

학연문화사

목차

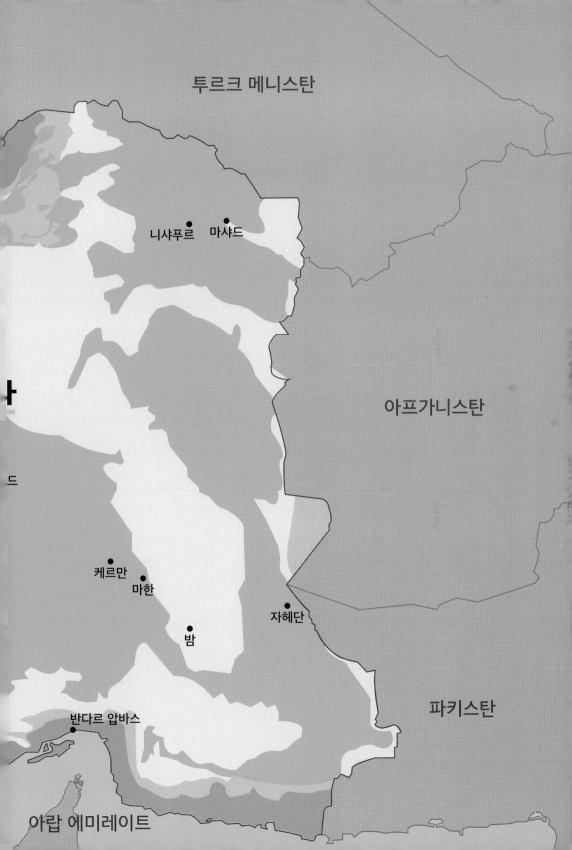

들어가는 말

이란은 국토면적이 1,648,195㎢로 세계에서 18위 규모를 자랑한다. 국민의 70퍼센트 이상이 이슬람교도로 구성된 이슬람 국가 중에 가장 큰 국토면적을 차지하는 나라는 카자흐스탄이고 이어서 사우디아라비아, 인도네시아 그리고 이란에 해당한다. 따라서 전세계 이슬람 국가 중에서 이란은 그 국토면적 기준으로 보면 4위를 차지함을 알 수 있다. 한편 이란과 서쪽 국경을 맞대고 있는 같은 이슬람 국가인 터키는 그 면적에서 이란의 반 정도를 차지하는 783,562㎢에 불과한 실정이다. 그렇다면 한 나라의 국력을 평가하는 또 하나의 기준이 되는 인구를 살펴보자. 이란의 총인구는 약 8천만 명으로 세계에서 17위 규모에 해당하며 지구촌 이슬람 국가 중에서도 인도네시아, 파키스탄, 방글라데시, 이집트에 이어 5위를 차지한다. 이웃 이슬람 국가인 터키도 7천9백만 정도를 이루어 인구 면에서는 이란과 터키가 호각지세를 이룬다고 할 수 있다.

이란은 종교 구성상 이슬람교가 전체의 98%를 차지하며 압도적 위치를 차지하고 있다. 이슬람교 이외에도 조로아스터교, 유대교, 기독교 등이 나머지 2%를 차지한다. 물론 이란의 국교인 이슬람교는 시아파가 전체 이슬람 인구의 94%를 차지하며 나머지가 4%의 수니파로 이루어져 이란은 전세계 시아파 이슬람교의 종주국 노릇을 하고 있다. 이제 이슬람교 시아파 국가인 이란의 인종 구성을 살펴보자. 이란은 전체 국민 중에서 페르시아인이 61%를 차지하고 있고 이외에 아제르바이잔족이 16%, 쿠르드족이 10%, 루르족이 6%, 기타가 7%를 차지하는 페르시아인의 나라라고 할 수 있다.

　다음으로 한 나라 국력평가의 또 다른 한 측면인 부존자원에서도 이란은 세계에서 몇 손가락 안에 드는 자원부국에 해당한다. 즉 베네수엘라와 사우디아라비아, 캐나다에 이어 네 번째로 많은 석유 매장량을 가지고 있으며 또 천연가스도 러시아에 이어 세계 제2위 규모를 자랑한다. 이처럼 이란은 국토면적이나 인구규모, 천연자원 등 하드파워 모든 면에서 비교할 때에 잠재력이 매우 큰 서아시아의 대국에 해당한다고 할 수 있다.

　그렇다면 이란이 이렇게 물질적인 면만 풍요로운가 하면 그렇지 않다. 이란은 고대 페르시아 제국 등 유구한 역사와 문화를 자랑하며 또한 장대한 국토면적에서 오는 자연환경도 매우 뛰어난 나라라고 할 수 있다. 다만 1979년 이슬람 혁명 이후에 이란이 전세계 사람들에게 여행지로서 주목을 받지 못할 뿐, 아직 개발이 안된 측면이 많이 있다. 때문에 여행의 고수들은 이란의 이러한 순수성과 잠재력에 일찍 눈을 떠 이란에 주목해 왔다. 이제 이러한 배경을 가진 이란의 유구한 역사를 더듬어 보자.

　이란의 역사는 이슬람 이전과 이후로 크게 구분되는데 이슬람 이전은 엘람왕국과 메디아왕국으로 시작하여 페르시아의 첫 번째 제국인 아케메네스조로 그 역사를 자랑한다. 하지만 아케메네스조는 그리스 마케도니아의 알렉산드로스 대왕에게 멸망당하고 이어 잠시 셀레우코스조를 거쳐 476년 역사의 파르티아 왕조를 거친다. 한국의 고려왕조가 475년간 유지했던 것과 비교해도 상당히 장수한 페르시아의 고대왕조인 파르티아조는 기원전 250년에 출발하여 기원후 226년에 멸망한다. 이후 사산조 페르시아가 기원후 651년까지 이슬람 이전의 역사를 이루며 페르시아 고대 역사의 대미를 장식한다.

이슬람 이후 시기는 아랍왕조인 우마이야 왕조의 지배를 시작으로 데일람 왕조와 그 이후 이어진 투르크계 왕조 그리고 외래계 이민족 왕조인 13세기와 14세기 시기에 일한국과 티무르조를 거친다. 이어 16세기에 들어와 사파비조가 출현하여 이란 역사에 새바람을 불러 일으켰다. 즉 사파비조가 들어서며 시아파 이슬람이 이란의 국교로 정해지면서 이후 이란의 종교와 국력이 급속히 성장하게 된다. 다음으로 근대왕조로서 카자르조가 들어서고 1796년에 테헤란이 이란의 수도로 성립하며 본격적으로 역사의 무대에 오른다. 제1차 세계대전 이후인 1925년에 이란은 카자르조를 끝내고 새로운 왕조인 팔레비조를 시작한다. 1935년에 팔레비조의 레자 샤는 페르시아에서 이란으로 국호를 변경하고 근대화를 촉진하는 정책을 취한다. 이란이라는 명칭은 아리안의 나라라는 뜻을 가지고 있다. 이후 팔레비조가 제2차 세계대전 이후에도 지속되다 1979년 호메이니가 이끄는 이슬람 혁명이 성공한 뒤에 이란은 이슬람 공화국이 되어 현재에 이른다.

그렇다면 이제 서아시아의 무한한 잠재국가인 이란과 한국과의 관계를 살펴보자. 한국과 이란은 1962년에 외교관계가 수립되고 1967년에 주이란 한국대사관이 테헤란에 설립되며 그 관계가 긴밀하여 졌다. 그리하여 1975년에는 서울에 주한 이란대사관이 설치된 바 있다. 1977년에는 삼릉로라 불린 서울의 한 도로를 테헤란 시장의 방문을 기회로 테헤란로라고 바꾸고 테헤란에서도 서울로라는 도로를 두게 되었다. 한편 박정희대통령이 1978년 팔레비 국왕의 초청을 받았으나 1979년에 있은 이란의 이슬람 혁명과 박대통령의 서거로 이루어지지 못했다. 하지만 2016년 5월 대통령이 이란을 방문함으로써 대한항공 등 직항로가 개설될 예정을 보이는 등 한국과 이란과의 관계는 지금보다도 더욱더 성장 발전하리라는 전망을 보인다.

한편 고대 페르시아 제국의 문화유산을 고스란히 물려받은 이란은 현재 세계문화 유산을 17개나 가지고 있는데 국내에는 잘 알려지지 않은 유적이 대부분이다. 따라서 서아시아의 떠오르는 별인 이란의 문화유산과 자연환경을 이제 주목할 필요가 있다. 이 책에서는 이란 문화유산의 대부분을 다루지만 그 중에서 단 세 곳만을 필자에게 골라보라 한다면 페르세폴리스와 이스파한 그리고 알라무트를 꼽을 수 있다. 즉 이란의 문화유산으로서 최고는 페르세폴리스이고 도시로는 이스파한이며 자연경관으로는 알라무트가 해당한다. 보는 관점이 사람마다 다르겠지만 이상의 세 곳은 필자가 보기에 이란을 방문한다면 꼭 가보아야 할 명소에 해당한다고 생각한다. 이러한 의미에서 이란을 알고 또 이란의 문화유산과 자연경관을 소개할 필요가 있다. 그러한 목적으로 이 책은 유용하리라 생각된다. 끝으로 한 가지 첨언할 것은 이 책에 나와 있는 모든 사진은 필자가 이란을 여러 차례 방문하여 직접 찍은 사진을 바탕으로 하여 선정되었음을 밝혀 둔다. 마지막으로 이란 체재 시에 도움을 주었던 테헤란 한국대사관 관계자분들께도 고마움을 전한다. 아울러 이 책에 표기된 이란 지명 등은 영어 발음을 원칙으로 하였음을 밝혀둔다.

* 이란 여행을 출발하기 전에

사람들이 이란에 간다고 하면 여행이 안전하냐고 묻는다. 하지만 이란은 이웃나라인 터키보다도 더 안전한 나라이다. 터키는 요즘에 들어 테러가 빈번하게 발생하는 등 지금까지 많은 여행객이 다녀갔지만 최근에는 여행이 꺼려지는 나라이다. 그렇지만 이란에서 테러가 발생했다는 소식은 들리지 않는다. 이란이 안전하냐는 질문은 이란이 이슬람 국가이고 미국과 사이가 좋지 않아 이란에 대한 정보가 부족한데서 나오는 현상일 뿐이다. 필자가 이란을 여러 차례 다녀보아도 별 문제는 없었다. 오히려 세계 곳곳으로부터 관광객이 밀려들어 여행의 쾌적함을 방해받는 터키보다도 좋았다. 따라서 터키만큼 볼 것도 많고 자연경관도 뛰어난 이란은 향후 여행 수요가 급증할 것으로 예상된다. 이미 이란 경제에 대한 제재가 해제되는 상황에서 더욱 그러하다.

그렇다면 이란을 어떻게 가고 또 이란의 어디를 가야할지도 그에 대한 정보가 부족한 것도 사실이다. 지금까지 이란은 한국에서 가기 어려운 나라로 인식되어 왔다. 하지만 약간의 노력과 정보를 취득하면 이란은 터키 이상의 나라로 다가옴을 알게 된다. 먼저 국내에서 이란을 가기 위해서는 비자가 필요하다. 다만 개인이 비자를 신청할 경우 비자내기가 까다롭기 때문에 관련업체의 도움이 필요하다. 이란 비자를 신청할 경우 현지의 초청장이 반드시 필요하기 때문에 이 또한 까다로운 문제로 사전에 준비가 필요하다. 비자는 서울의 이란대사관에 신청하여야 하는데 보통 2주와 3주 또는 1개월짜리 체류기간의 허가가 나온다. 만약 2주 체류기간의 비자를 가지고 여행하던 중에 이란 현지에서 필요하면 연장할 수도 있다. 이 경우 그에 필요한 시간과 절차가 필요하다. 즉 여행자가 이란의 어느 곳을 다니다가 연장이 필요하면 적어도 가까운 곳의 큰 도시 즉 주도(州都)에 있는 관련부서에 신청하면 연장이 가능하다. 다만 연장을 담당하는 관련부서의 위치를 찾아야 하고 또 서류를 써야하며 은행에 가서 약간의 수수료를 납부하는 절차를 밟아야 한다. 이 경우 처리가 바로 되는 경우도 있지만 지역에 따라 며칠 걸릴 수도 있다. 따라서 이러한 어려움을 겪지 않기 위해 충분히 국내에서 체류 기간을 조절하여 비자를 신청할 필요가 있다. 물론 본인이 원하는 만큼의 체류기간을 다 채워 비자를 발급해 주는 것도 아니니 이에 대한 대비도 준비하여야 한다. 이제 본인이 원하는 체류기간 만큼의 비자가 발급된다면 이란의 어느 곳을 갈지 우선 생각해 두어야 한다.

이란은 매우 큰 나라로 일정과 노선을 잘 정해야 여행을 성공적으로 이끌 수 있다. 여기서 말하는 이란 여행이라는 것은 이란의 문화유산과 자연환경을 둘러보고 이란 사람들이 어떻게 생활하는지 하는 등의 개별 여행을 말하는 것이다. 대형 여행사에 의해 단체로 움직이는 여행은 이제 대세가 아니다. 더구나 이란같이 미지의 세계를 여행한다면 수십 명이 함께 가는 단체여행 보다는 몇 명의 소그룹 여행이 훨씬 좋다. 수박 겉핧기식의 여행은 여행의 참 모습이 아니다. 검증된 사람과 소규모로 그룹을 맺어 검증된 사람의 가이드를 붙여 진행하는 여행이 이란 여행의 진정한 모습이 될 것이다. 이제 이란에 같이 가려는 사람과 비자와 가이드 등이 구비되었다면 이란에 얼마만큼 가야하고 또 어느 곳을 가야하는지 고려해야 한다. 물론 이런 삼박자가 모두 갖추어져야 이란 여행을 떠나는 것은 아니다. 필자가 말하는 것은 일반적인 사항을 말하는 것이지 탐험정신이 투철한 사람은 이란 여행 가이드북과 함께 비자만 있어도 가능하다. 그렇다고 하더라도 이 경우는 다년간의 여러 나라 여행 경험이 있을 때만 해당된다. 또 여행시기도 중요하다. 이란은 5월과 10월이 최적기이다. 이제 이란 여행을 떠나겠다고 모든 것이 준비되어 있다면 일정에 대해 이 책은 다음과 같은 제안을 하게 된다. 이란 여행에 있어 아니 모든 여행이 마찬가지이지만 같이 가는 사람과 함께 여행 일정과 노선은 여행의 질을 결정한다.

이란 여행에 있어 전체 일정을 약1주일로 생각한다면 테헤란에서 시라즈를 오고 가는 정통노선을 선택하면 좋다. 만약 2주일간 일정으로 이란 여행을 하겠다면 앞서의 정통노선에 서부노선 아니면 동부노선을 추가로 선택하면 된다. 마지막으로 3주간에 걸쳐 여행을 진행하겠다면 앞서 정통노선에 서부노선과 동부노선을 합쳐 진행하면 된다. 그리고 3주를 넘어 약1개월 정도 자세히 보겠다면 이상 3개의 기본노선에 자신이 가고 싶은 곳을 추가하면 된다. 그렇다면 가장 일반적인 일정인 이상의 3개 노선을 좀 더 구체적으로 살펴보면 다음과 같다.

먼저 1주일 일정은 테헤란을 출발하여 카샨과 이스파한, 야즈드를 거쳐 시라즈에 도착하는 정통노선이다. 이 노선은 이란의 가장 대표적인 명소를 짧은 시간에 보는 코스라고 생각된다. 물론 이 정통노선은 역순으로 해도 차질이 없다. 즉 시라즈부터 시작하여 마지막을 테헤란에서 마무리하는 것도 좋다. 테헤란 국내공항에서 시라즈가는 비행기가 많으니 테헤란을 여유있게 본다는 측면에서 이 역순코스가 더 좋다고 할 수 있다. 다음 2주일을 생각한다면 정통노선에 서부노선을 추가하면 된다. 즉 시라즈에서 수사를 거쳐 케르만샤, 하마단, 우루미예, 마쿠, 타브리즈로 가는 서부노선을 추천할 수 있다. 타브리즈에서 테헤란까지는 버스나 국내선 비행기를 이용하면 된다. 참고로 타브리즈에서 테헤란까지 비행기는 약1시간 정도 걸리고 버스는 9시간여 걸린다. 정통노선에 서부노선을 3주로 연장하여 예상하는 사람들은 타브리즈에서 아르다빌, 라슈트, 잔잔, 가즈빈, 테헤란 순서로 일정을 잡는 것이 좋다. 마지막으로 정통노선에 2주 일정으로 동부노선을 선택한다면 다음과 같다. 우선 시라즈에서 반다르 압바스를 거쳐 케르만으로 가고 마샤드와 골레스탄주의 고르간과 카스피 해 연안의 사리를 보고 테헤란으로 돌아오는 일정을 잡으면 좋다. 이 경우 이동거리가 상당히 많은 관계로 저녁에 출발하여 다음날 아침에 도착하는 야간 버스를 이용하는 조건이다. 이 책에서도 이상과 같은 여행 노선에 맞게 이란 전역을 중부와 서부 그리고 동부로 나누어 기술하고자 한다.

* 이란 여행을 시작하며

이제 비자도 완비되고 이란에서의 일정이 잡혔다면 한국에서 테헤란으로 가는 방법을 알아보자. 아직 직항로가 개설되지 않은 한국에서 이란의 테헤란에 가기 위해서는 두바이를 거치거나 아니면 모스크바를 거쳐 환승하여야 한다. 또 하나는 북경에서 일주일에 한번 출발하는 이란항공을 타고 가는 방법이 있다. 북경에서 가는 방법이 가장 짧은 노선으로 비행시간이 절약되는 측면이 있다. 2017년 대한항공에서 테헤란 직항로가 개설되면 이런 환승에 대한 불편은 일시에 해소되며 좀 더 많은 사람들이 이란에 쉽게 접근하게 될 전망이다.

환승이던 직항이던 국제선을 타면 여행객은 일단 테헤란의 이맘 호메이니 국제공항에 도착하게 된다. 테헤란에는 두 개의 공항이 있는데 하나는 이맘 호메이니 공항으로 국제선 전용이고 또 하나는 국내선을 이용할 때 사용하는 메흐라바드 공항이 있다. 이맘 호메이니 국제공항은 테헤란의 서남쪽 외곽에 있는데 아직 물가가 싼 이란의 사정을 고려하면 택시를 이용하여 공항과 테헤란 시내를 오고가는 것이 가장 편리하다. 테헤란 시내와 택시로 오고가는 시간은 약1시간 남짓하다. 메흐라바드 공항은 이란이 넓은 나라이므로 남쪽의 시라즈를 간다거나 서쪽의 타브리즈 갈 때에 약1시간의 비행거리로 편리하게 도착할 수 있다. 국내선 비행기를 타지 않고 중간 중간 기착지를 이용하여 시라즈나 타브리즈 등지를 갈 경우에는 테헤란 어저디 버스터미널에서 저녁에 VIP 버스를 타면 다음날 아침에 도착할 수 있다. 참고로 시라즈까지는 버스로 약13시간 걸리고 타브리즈까지는 9시간여 걸린다. 때문에 테헤란에서 시라즈나 타브리즈로 가려면 국내선 탑승이 편하며 중간 중간 기착지를 바꾸며 여유있게 돌아보려면 버스가 좋다.

여기서 이란의 VIP 버스에 대해 말한다면 이란의 물가가 대부분이 그렇지만 요금도 저렴하며 승차감도 좋다고 할 수 있다. 한국의 공항 갈 때에 타는 리무진 버스처럼 내부구조가 비슷한데 다만 진행 반향 왼쪽에 1개의 좌석이 있고 오른쪽에 2개의 좌석이 배치되어 있다는 점이 약간 틀리다. 이란의 어느 곳이나 마찬가지이만 버스 탈 때에 주의되는 점은 남성 탑승시에 오른쪽 2개의 좌석에 홀로 앉은 이란 여성이 있으면 착석하기 어렵다. 이 경우 승무원이 남자 승객이 있는 좌석으로 옮겨 앉길 권유한다. 이란에서는 내외국인 모두 모르는 남녀가 버스에서 같은 자리에 함께 착석할 수 없다. 이것은 이슬람교의 영향으로 보인다.

이란의 대부분 도시에서는 도시 외곽에 시외버스 터미널이 있어 각지로 다니기에 편리하고 또 버스 요금도 매우 싸다. 또한 먼 거리는 저녁에 출발하는 VIP 버스를 타면 다음날 아침 목적지에 도착한다. 이 때문에 여행 시간 및 금전을 절약할 수 있는 장점이 있어 이란은 여행자의 천국에 해당한다. 이란은 기차보다도 버스가 발전된 나라로 버스탑승 여행의 천국이라 할 수 있다. 필자는 동아시아 고대 역사와 문화를 답사하기 위하여 중국과 일본에 수도 없이 가보지만 이란만큼 버스 문화가 발달된 나라도 없다. 즉 중국은 그 광대한 영역에 걸맞게 기차와 버스가 동시에 발전되어 있지만 버스는 단거리에 좋고 기차는 장거리 이용시에 탑승하면 좋다고 할 수 있다. 그러나 중국의 버스는 대개 오후 5시경이 되면 거의 끝난다. 때문에 불가피하게 저녁 또는 밤에 이동할 경우에는 택시를 제외하고 단거리나 장거리와 관련없이 기차를 이용하여야 한다. 더구나 기차표를 사기 위해 기차역에 가면 수많은 사람들이 표를 사기위해 기다리고 있어 기차표 구매하기가 매우 어렵고 힘이 든다. 때문에 중국은 중장거리 이동에 대한 여행 스트레스를 받는다.

반면 일본은 버스와 기차가 다 잘되어 있지만 버스 요금이 좀 더 싸다고 할 수 있다. 하지만 기차가 매우 잘 발달되어 있고 늦은 시간까지 있다. 그래서 필자는 주로 일본에 갈 때는 기차 여행을 한다. 다만 일본의 신간선 등 기차요금이 많이 비싼 점이 흠이다. 일본의 숙박과 택시비 등 한국과 중국에 비해 상대적으로 높은 비용이라는 것은 다 알려진 사실이다. 중국과 일본에 비해 이란은 버스가 잘 발달된 나라이다. 터키도 마찬가지이다. 특히 저녁과 야간에 장거리로 이동할 때에 이용하는 VIP 버스는 늦은 시간에도 있어 여행자에게 편리함을 준다. 때문에 필자는 중국과 일본, 터키 등 여러 나라를 수없이 다녔지만 볼거리와 이동 수단 면에서 이란은 여행자에게 최고의 나라라고 말한다. 더구나 물가도 싸고 관광지마다 아직은 외국 관광객이 많지 않아서 마음 편하게 돌아다닐 수 있다. 터키가 20여년 전과 비교하면 오늘날 관광객으로 넘쳐나 여행의 맛을 떨어뜨리게 한다. 하지만 현재 이란은 그런 걱정을 하지 않는 아직 때 묻지 않은 순수의 대지라고 할 수 있다. 필자는 이런 점에서 이란 여행에 대한 많은 매력을 느낀다.

하지만 여행자의 천국인 이란이라 해도 다음과 같은 사실도 유의하여야 한다. 이란은 영어를 하는 사람이 극소수에 불과하여 여행에 필요한 필수적인 이란어는 어느 정도 습득하고 가여야 한다. 또한 이란의 숫자는 아라비아 숫자를 사용하는 것이 아님으로 버스표를 구매해도 출도착지와 함께 버스 출발 날짜와 시간은 모두 이란어와 이란 숫자로 표기되어 있다. 때문에 이란의 숫자와 언어를 모른다면 낭패를 보기 쉬움으로 여행에 필수적으로 필요한 약간의 이란 숫자와 언어를 알고 가는 것이 필요하다.

이란의 버스 터미널에 관해 한마디 더 첨부한다면 한국처럼 목적지가 하나라도 하나의 회사가 있는 것이 아니고 여러 버스 회사가 표를 팔므로 자기 회사 표를 사라고 호객이 많다는 것이다. 따라서 출발시간과 노선을 확인하여 최적의 버스 회사를 골라 표를 사는 것이 좋다. 또한 큰 터미널 일 경우 버스 타는 곳을 외국인이 잘 알 수 없어 버스 승차장을 직원에게 안내 받아야 한다. 버스표를 살 때에는 목적지와 시간을 말하면 쉽게 살 수 있다. 중국말처럼 사성이 있지도 않아 목적지를 말하면 매표원은 쉽게 알아듣는다. 중국에서는 목적지를 말해도 사성을 정확히 발음하지 않으면 못 알아듣는 경우가 많다. 이런 점에서 이란은 중국 여행보다 편하다. 다만 중국의 버스는 버스정면 유리창에 행선지를 크게 한자로 써놓지만 이란은 버스의 행선지를 아주 작게 이란말로 써놓아 이 버스가 어디로 가는 버스인지 모를 때가 많다. 때문에 내가 가고자 하는 버스가 제대로 맞는지 확인하기 위해 승무원에게 표를 보여 주고 확인한 다음 승차할 필요가 있다.

다음으로 외국인으로 이란 여행하며 복장과 사진촬영에 관해 언급해 보자. 이란은 이슬람 시아파 국가이다. 때문에 여행자의 복장에 신경을 써야 한다. 이제는 상식이 되었지만 외국 여성이 이란을 방문한다면 믿는 종교에 상관없이 무조건 머리에 스카프를 써야 하며 남자도 민소매나 반바지 차림은 허용이 안 된다. 이슬람 사원 출입 시에는 더욱 엄격하다. 술은 이슬람 국가로서 당연히 사거나 마실 수 없고 담배는 지정된 장소에서 피울 수 있다. 이란 사람들은 술은 마시지 않지만 담배를 피우는 사람은 종종 볼 수 있다. 대체적으로 이란 사람들은 개방적이고 활달하다. 한국인이 이란에 가면 이란 사람들은 먼저 중국인이냐고 묻고 또 한국에서 왔다고 하면 북한에서 왔냐고 묻는다. 그러면 남한에서 왔다고 말하면 대개 호의적이다. 또 남한에서 왔다고 하면 바로 '주몽'하고 감탄사를 내뱉는다. 이란에서 몇년전에 '주몽'이 방영되어 큰 인기를 끌었다. 얼마 전에 대통령이 이란을 방문하였을 때에 이란의 현직 최고지도자인 하메네이도 '주몽'을 자주 보았다고 말할 정도이다. 이란 사람들에게는 한국인이라면 '주몽'이 각인되었고 대부분의 이란 사람들은 한국인에 대해 호의적이고 사진촬영에 대한 요청을 한다. 이란에서의 사진촬영에 대해 이제 말하여 보자.

사진은 대부분의 나라가 마찬가지이지만 경찰이나 군부대 등은 촬영할 수가 없다. 또한 유적지를 제외하고 이슬람 사원의 실내와 내부는 원칙적으로 사진촬영이 제한되어 있다. 더구나 예배와 기도하는 모습은 촬영할 수 없다. 한편 한국 여행객 아니 중국 및 일본 등 동아시아 여행객은 모두 해당하겠지만 이란의 곳곳을 여행하다보면 이란 사람들은 동양인과 사진찍기를 좋아한다는 점을 발견하게 된다. 어디를 가나 귀찮을 정도로 이란사람들이 같이 사진찍자고 말을 하나 모두 응대할 필요는 없다. 멋모르고 이란에 처음 간 사람들은 호기심에 사진찍기에 응대할 수 있으나 장미에도 가시가 있듯이 인상이 좋지 않다거나 여러 명이 한꺼번에 떼를 이루어 사진찍자고 하면 응하지 말아야 한다.

또 하나 한국인으로 이란에 가서 가장 불편한 점은 이것은 모든 외국인이면 공통되지만 신용카드에 대한 사용이 거의 안 된다는 점이다. 때문에 대부분의 호텔비용이나 기타 여행 경비를 달러나 유로에서 이란 돈으로 바꾸어 써야 한다. 다만 이란 돈으로 바꿀 때에 부피가 커짐으로 한꺼번에 많은 돈을 바꾸기

보다는 필요한 만큼 바꾸어 쓰고 모자라면 또 바꾸는 방법이 좋다. 이란의 왠만한 큰 도시 이를테면 시라즈나 이스파한 그리고 타브리즈 등 유명한 관광지를 낀 도시에는 공식적인 환전소가 있어 돈을 그때그때 바꾸어 쓰기가 편리하다. 참고로 한국에서 처음으로 테헤란 이맘 호메이니 국제공항에 도착하면 이란 돈이 없어 처음 환전하게 되는데 이맘 호메이니 국제공항 2층에 가면 환전소가 있어 돈을 바꾸면 된다. 다만 이맘 호메이니 국제공항 환전소는 한 군데뿐이라 환전하려는 사람들이 많이 붐비고 또 한 사람에게 많은 양의 이란 돈을 환전하여 주지 않는다. 물론 규모가 큰 호텔에서도 이란 돈을 환전하여 주지만 이 경우 환율이 좀 불리하다. 어느 정도 규모가 있는 호텔에서는 대부분 달러나 유로를 호텔 비용으로 지불할 수도 있다. 이맘 호메이니 국제공항을 통해 귀국할 때에는 쓰고 남은 적은 단위 이란 돈도 다시 달러나 유로화로 역환전할 수 있다. 이런 점을 감안하여 한국에서 이란으로 여행가고자 하는 사람들은 경비 활용과 쓰임에 대해 고려하여야 한다.

다음 이란 여행에서의 먹는 문제는 의외로 간단하다. 이란 사람들의 주식은 빵이다. 광대한 대지에서 오는 신선한 밀로 인해 이란 빵은 고소하고 담백한 천연 빵이 특징을 이룬다. 실제 이란의 곳곳을 돌아다녀 보면 드넓은 대지에 보이는 것이라고는 밀밭뿐이다. 물론 이란의 북부 카스피 해 쪽은 논도 있어 쌀도 생산된다. 이란 빵은 많이 먹어도 질리지 않는다. 빵의 소재가 되는 밀이 바다건너 배를 타고 오는 과정에서 방부제가 섞인다던지 하는 문제가 없는 현지 직생산의 밀을 사용하니 그럴 수밖에 없다. 이란 빵에는 한 가지가 아니고 여러 종류가 있으니 자신에게 맞는 빵을 골라 먹으면 된다. 이란 빵에 대해서는 본문에 구체적으로 후술하게 될 것이니 그것을 참고하면 된다. 빵이 싫증나면 이란에서는 양고기 또한 유명하니 이와 곁들이면 더욱 좋다. 이란 여행하며 과일 가게를 수도 없이 보게 된다. 신선하고 맛있는 과일을 골라 이란 빵과 함께 먹는 다면 이 또한 이란 여행의 묘미가 될 것이다. 로마에 가면 로마법에 따른다고 한국에서의 식습관을 버리고 2주던지 3주던지 이란 식으로 식생활을 바꾸어 인생의 활기찬 모습을 연출하여 보자.

모든 외국 여행은 알 수 없는 일이 특히 불상사라면 자신도 모르게 발생할 수 있다. 이런 경우 이란에서는 테헤란에 있는 한국대사관에 도움을 요청할 수 있다. 아직 이란 여행이 활성화되지 않은 관계로 한국에서 이란 여행 오는 사람들이 적어 이 경우 대사관에 도움을 요청하면 친절하게 응대한다. 때문에 유비무환의 차원에서 테헤란에 있는 한국대사관의 현지 전화번호를 알고 가는 것이 좋다. 마지막으로 아직 미개척지인 이란을 가고자 하는 사람들이 여행의 진행에 도움이 필요로 한다면 이미 검증된 여행사 또는 안내자를 선택하여야 한다는 점이다. 자격과 능력이 안되는 사람들의 안내를 받고 이란 여행을 떠난다면 이란에 대한 인상을 오히려 흐리게 한다. 또한 어떤 여행도 마찬가지이지만 같이 가는 여행자도 편해야 한다. 동행자가 여행에 불편을 일으킨다면 그런 여행은 안하는 것이 낫다. 그럼으로 평소 검증되고 잘 아는 사람들과 소규모 그룹을 맺어 이란으로 떠나는 것이 여행을 성공하게 한다.

제1부 이란중부

1. 이란의 수도인 테헤란과 그 근교

테헤란 시내와 테헤란 국립박물관

이란을 방문하면서 가장 많이 보는 사진은 전현직 최고지도자인 호메이니와 하메네이의 사진이다. 그리고 또 이란의 국기이다. 이란 사람들은 이들에 최고의 가치와 자부심을 느낀다고 할 수 있다. 이와 더불어 이란의 핵심은 테헤란 (Teheran, Tehran)이다. 자 이제 그

사진 1 이란의 현 최고지도자인 하메네이

럼 모든 이란 여행의 출발지인 테헤란으로 떠나보자.

테헤란은 테헤란 주에 속하는 도시로 이란의 수도에 해당하며 엘부르즈 산맥의 남쪽 자락에 자리 잡고 있다. 테헤란의 남쪽에 있는 레이가 몽골에 의해 파괴된 후에 대체지역으로 13초반에 테헤란이 건설되기 시작한다. 16세기 중엽에는 사파비조의 별궁이 있었고 1796년에는 카자르조가 수도를 시라즈에서 테헤란으로 옮기면서 테헤란은 이란의 역사에 본격적으로 등장하게 된다. 테헤란은 1925년 팔레비조가 들어선 이후에 오늘날까지 이란의 수도로 발전

사진 2 테헤란 시내에 있는 서울로

하며 인구가 900만 명 가까이에 이르게 된다. 오늘날 테헤란은 고풍스런 흙벽과 골목길로 아늑함을 느끼는 구시가지와 현대적인 느낌의 신시가지가 대조를 이룬다. 이전의 왕궁과 행정부서는 대부분 구시가지에 있고 또한 이란 최대의 바자르도 구시가지를 중심으로 자리 잡고 있다. 한편 한국과 관련하여 테헤란에는 서울로(Seoul Street)가 있는데 이는 앞서 설명한 대로이다.

　테헤란 시내에서 대표적인 볼거리의 하나인 그랜드 바자르(Tehran Grand Bazaar)이다. 테헤란의 남부 코르다드에 있는 바자르로 사파비조부터 활성화하기 시작하여 20세기 초에 들어와 급속한 발전을 이룬다. 테헤란 바자르는 현재 이란에서 가장 큰 바자르로 총 길이가 약 10km를 넘는 규모로 서아시아에서 이스탄불의 그랜드 바자르 다음의 규모에 해당한다. 바자르 안에는 카펫을 비롯하여 귀금속과 향신료 그리고 건과류와 식료품 등 거의 모든 제품을 망라하고 있다. 또한 테헤란 그랜드 바자르 주변에는 모스크가 12개나 갖추어져 있어 시장 자체가 하나의 도시권을 형성하고 있다.

테헤란에서 꼭 보아야 할 대상은 테헤란 그랜드 바자르와 테헤란 국립박물관 그리고 골레스탄 궁전이 가장 대표적인 것들이다. 테헤란 그랜드 바자르와 그리 멀리 떨어져 있지 않은 곳에 테헤란의 국립박물관이 있다. 걸어서 2,30분 거리에 있어 찾아가기도 쉽다.

테헤란 국립박물관의 정식명칭은 이란 국립박물관으로 테헤란은 물론 이란을 대표하는 고고학 박물관에 속한다. 박물관은 이란의 모스크에서 흔히 볼 수 있는 이완 형식의 커다란 아치형 출입구를 통해 실내로 들어가면 1층과 2층에 전시실이 마련되어 있음을 보게 된다. 1층 전시실에서 가장 눈에 띄는 것은 이제에서 발견된 파르티아 시기의 청동제 왕자상이다. 부리부리한 눈매에 팔자수염 그리고 좌우로 모자 밑에 둥그렇게 말린 머리모양 등 매우 사실적으로 표현되고 있다. 또한 목에는 독특한 형태의 목걸이를 차고 있으며 옆구리에는 파르티아 풍의 단검을 차고 있는 모습을 볼 수 있다. 다음으로 볼 수 있는 것은 아케메네스조 시기의 청동 사자상과 페르세폴리스에서 보는

사진 3 테헤란 그랜드 바자르의 모습

사진 4 테헤란 국립박물관이 있는 공원

황소머리 기둥, 인물상과 계단 그리고 다리우스 1세 알현도 부조 등이다. 박물관은 페르세폴리스에서 출토된 유물들이 주요 전시품을 이룬다. 때문에 페르세폴리스가 이란의 고고학에서 차지하는 위상을 가늠할 수 있다. 이외에도 박물관에서는 이란의 각 시대별 그릇과 청동제 무기 등 다양한 유물들도 볼 수 있다.

1층에서는 또한 페르세폴리스에서 출토된 그리스 양식의 조각품을 전시하는 특별전이 2016년 봄에 때마침 열리고 있다. 특별전은 그야말로 그리스의 아테네 고고학 박물관에서나 볼 수 있는 조각품들이 진열되어 있어 그리스와 아케메네스조의 교류를 새삼 느끼게 해준다. 이밖에 고고학 건물을 나가면 하얀색으로 지어진 별동 건물이 보이는데 이 건물은 이슬람관으로 다양한 모양의 그릇과 이슬람 시기 유물로 전시실을 꾸미고 있어 시간이 있다면 한번 들러볼 필요는 있다.

녹색 궁전과 하얀 궁전 그리고 골레스탄 궁전

녹색 궁전(Green Palace)은 사드아바드(Saadabad) 역사문화 단지의 북서 지역에 있는 궁전으로 이란에서 가장 아름다운 궁전의 하나에 해당한다. 사드아

사진 5 테헤란의 녹색 궁전

바드 역사문화 단지는 팔레비조의 궁전 공간으로 녹색 궁전과 하얀 궁전 등 모두 18개의 궁전을 가지고 있는데 이중 10개가 박물관으로 시민에게 개방되고 있다. 녹색 궁전은 1928년 팔레비조의 레자 샤가 건립한 궁전으로 원형 분수대와 녹색 대리석이 돋보이는 사각형 건물이다. 건물 외관은 중앙의 주 출입구와 좌우에 6개의 창호를 갖춘 형식인데 은은한 녹색 미네랄 돌로 지어져 녹색 궁전이라는 명칭이 붙는다. 건물 중앙의 출입구는 좌우에 대리석 기둥과 아치형 천장을 갖추고 또 창호에도 꽃무늬가 조각된 기둥을 좌우에 배치하여 화려함을 더했다. 아치형 천장의 좌우에는 소년소녀가 조각된 인물부조가 배치되고 주출입구 왼쪽과 오른쪽에 하얀색의 앉아 있는 사자상을 배치하여 위엄을 더해준다.

건물의 뒤편은 전면과는 다르게 여러 개의 대리석 기둥을 사이사이에 두고 있어 앞에서 보면 일종의 굴감(窟龕) 형식처럼 보이게 한다. 건물에서 사용한 돌은

사진 6 다리만 남은 팔레비 동상

모두 대리석으로 외벽에 사용한 녹색 돌은 이스파한에서 나는 돌을 쓰고 외벽 중앙 부분에는 잔잔에서 나온 돌을 썼으며 또한 기둥은 이탈리아에서 나온 돌을 사용했을 정도로 호화롭게 지어진 건물에 해당한다. 건물의 중앙에는 작은 정원을 꾸미고 또 사이프러스 나무를 심어 건물 앞쪽의 분수대와 차별화를 이루고 있다. 사이프러스 나무 앞에는 궁전의 외부를 이루어 밖으로 테헤란 시내가 한 눈에 들어온다. 실내는 스투코 조각과 거울장식이 많으며 또 천장에는 샹들리에가 달린 프랑스풍의 응접실이 돋보인다. 응접실에 있는 대부분의 가구들은 유럽에서 수입한 것으로 한쪽 벽에는 나폴레옹 시절에 사용된 시계도 걸려 있다. 녹색 궁전의 안팎을 잘 관찰하면 전체적으로 유럽풍에 가까운 호사스러운 건물이라 판단된다. 본래 녹색 궁전은 왕의 집무실로 팔레비조 시절에 사용된 건물이지만 1979년 이슬람 혁명 뒤에는 박물관으로 일반에 공개되고 있다.

다음으로 하얀 궁전에 가보자. 녹색 궁전과 하얀 궁전을 같은 역사문화 단지에 있어 한 코스로 둘러 볼 수 있다. 하얀 궁전(White Palace)은 본래 멜라트 궁전이라고도 하는데 1936년에 완공된 건물로 팔레비조의 여름 궁전에 해당한다. 팔레비조의 레자 샤가 왕립 법원으로 사용하기 위해 지은 건물이나 나중에 레쟈 샤와 그 아들의 대관식이 이곳에서 열리는 등 궁전으로 사용된다. 이슬람 혁명 이후인 1982년에 박물관으로 용도가 변경되어 시민들에게 개방되고 있다. 건물의 외관은 녹색 궁전과 달리 하얀색으로 치장한 사각형의 단순한 건물 형태를 유지한다. 중앙에 계단을 통해 1층 출입구로 올라가는 구조는 관청 건물처럼 매우 소박하여 당초에 궁전용이 아닌 법원용으로 지으려고 한 것이 눈에 보인다. 관람객에게 가장 눈에 띄는 것은 1층 계단 옆에 있는 팔레비 왕의 동상인데 현재는 이슬람 혁명 기간에 파괴되어 허벅지 이하의 다리만 남은 상태이다. 지금 남아 있는 다리만의 크기도 사람 키만 하여 많은 사람들이 이 다리만 남은 동상에서 사진찍기에 여념이 없다. 실내에는 모두 54개의 방으로 이루어져 있으며 천장에는 이탈리아와 프랑스에서 들여온 고급 샹들리에가 걸려 있다. 1층에는 손님들을 맞는 매우 큰 로비와 거실 그리고 식당과 집무실 등이 있는데 한쪽 곁에 팔레비 왕과 왕비의 흉상이 전시되어 있어 관람객의 눈길을 끈다. 2층에는 중요한 의식이 있을 때에 진행되는 커다란 홀과 식당 등이 있으며 바닥에는 카펫이 깔려 있다. 이 카펫은 이란에서 가장 큰 카펫으로 알려지고 있다. 전체적으로 하얀 궁전은 녹색 궁전에 비해 매우 소박하고 검소한 느낌을 주는 건물에 해당한다. 곧 팔레비 왕조의 마지막 의전용 건물로서

사진 7 테헤란의 골레스탄 궁전

그 의의를 갖는다고 할 수 있다.

골레스탄 궁전(Golestan Palace)은 테헤란의 중심부에 자리 잡고 있는 건축물로 1779년 테헤란에 수도를 정한 카자르조의 왕궁에 해당한다. 테헤란 그랜드 바자르에서 테헤란 국립 박물관에 가는 도중에 위치하고 있어 여행자는 이 세 곳을 한데 묶어 관람하는 것이 좋다. 골레스탄 궁전은 유럽의 건축 양식과 디자인적 요소를 페르시아 건축에 접목시킨 왕궁으로 동서양 건축의 통합은 물론 카자르조의 예술과 건축을 가장 완벽하게 재현한 궁전에 해당한다. 이런 역사성을 인정하여 유네스코에서도 골레스탄 궁전을 2013년 세계문화 유산에 등재시키었다. 골레스탄 궁전에 들어서면 우선 페르시아 정원의 한 정형인 분수대를 갖춘 큰 수조를 볼 수 있다. 직사각형 모양의 수조는 이란 내에서 가장 길고 크다고 할 수 있는데 이 수조의 끝에 다시 원형 분수대의 수조가 설치되어 있음을 알 수 있다. 원형 수조 뒤에는 노란색 기둥을 받쳐든 건물이 있고 또 기둥 뒤로 온 사방을 유리거울로 치장한 테라스 형태의 벽감식 실내 공간이 차지한다. 테라스 중앙에는 여러 신하들이 어깨에 가마를 짊어진 형태를 가진 하얀색 대리석의 옥좌가 자리한다. 옥좌 구역은 골레스탄 궁전에서 가장 오래된 건물로 1925년에 팔레비조의 레자 샤가 대관식을 받은 곳이기도 하다. 건물의 외벽에는 아치형 창호가 많이 보이고 창호 사이사이에 노란색 바탕의 꽃무늬 장식이 꽉 차게 그려져 있다.

여기서 오른쪽으로 가면 건물 끝부분에 다시 기둥 두 개를 가진 벽감 형식의 테라스가 나옴을 볼 수 있다. 기둥의 하단에는 사자가 받쳐 있는 모습으로 조각되어 있고 그 안에는 8각의 작은 분수대가 설치되어 있다. 건물은 다시 ㄱ자로 꺾이며 긴 회랑으로 이어지는데 아치형 출입구가 계단을 통해 올라가는 구조가 많이 보인다. 또 회랑에 상당히 많은 아치형 창호가 설치되어 있음을 볼 수 있고 중간의 출입문에 약간 돌출된 회랑이 보여 진다. 회랑의 외벽에 그려진 그림은 노랑색 바탕에 꽃무늬 장식이 그 대부분을 이룬다. 회랑 중간의 출입문 좌우에는 대리석 기단을 가진 사자상을 안치하여 왕궁의 위엄을 더하였고

사진 8 골레스탄 궁전 옥좌

그 실내에는 거울로 꽉 찬 방이 설치되어 있어 화려함을 더해준다. 회랑은 다시 동남 방향으로 꺾여 이어지고 중간에 시계탑과 함께 두 개의 커다란 망루를 가진 건물이 나온다. 이곳에서도 대리석으로 된 기둥 2개가 지붕을 받치고 있는 상태인데 벽감식의 테라스에는 사방이 유리 거울로 치장되어 매우 화려함을 보여준다. 건물의 좌우에는 커다란 아치형 창호가 설치되어 그 안에 나무문이 부착되고 그 상단에 사람 얼굴이 함께 그려진 노란색의 사자가 보여 진다. 대리석 기둥의 하단부에는 군악대 그림의 타일이 붙어있는데 이 시계탑을 가진 건물의 이름은 태양의 저택이라 이름하고 있다. 이어 남쪽 출구 쪽에 있는 회랑도 역시 4개의 대리석 기둥에 테라스를 가진 형식이지만 그 옆의 계단을 통해 올라가는 부분에 번쩍이는 장식을 가진 기둥이 1층과 2층에 설치되어 있어 독특함을 보여준다. 번쩍이는 기둥 옆에는 굴감식의 테라스가 좌우에 설치되어 있고 그 벽면과 천장에는 하얀색 바탕에 덩굴무늬가 연속적으로 그려져 있어 왕궁 내에서 가장 화려함을 느끼게 한다. 이 건물은 카자르조 시기에

사진 9 골레스탄 궁전 태양의 저택

사진 전시실로 사용된 것으로 알려지고 있다. 결국 골레스탄 궁전의 회랑은 입구에서 보는 분수대의 수조를 향한 옥좌 건물과 동쪽 방향에 있는 태양의 저택 건물 그리고 남쪽에 있는 사진 전시실 등이 3부분이 가장 볼만한 건축 구역이라 생각된다. 골레스탄 전체

를 놓고 본다면 테헤란에서 궁전으로는 가장 아름다운 건축물에 해당하여 테헤란을 간다면 꼭 보아야할 이란 근대시기의 유산에 해당한다고 할 수 있다.

테헤란 현대 건축물의 상징인 아자디 타워와 밀라드 타워

테헤란의 대표적인 현대식 건축물을 들라면 아자디 타워와 밀라드 타워가 있다. 아자디 타워는 테헤란의 서쪽 큰 길의 중앙 광장에 위치하고 있어 여행자가 쉽게 찾아 갈 수 있다. 아자디 타워(Azadi Tower)는 건축가인 호세인 아마나트가 설계한 탑으로 1971년 테헤란에 세워졌다. 처음에 탑이 세워질 때에는 팔레비 왕의 권위를 상징하는 뜻에서 '왕의 기념관'이라는 의미로 '샤야드

사진 10 테헤란의 아자디 타워

(Shayad)'라 불리었으나 1979년 이슬람혁명 이후에 자유를 의미하는 뜻으로 아자디란 명칭으로 불리게 되었다.

아자디 타워는 로타리 식의 공원 안에 있는데 테헤란을 상징하는 탑답게 아자디 타워의 주변은 말끔하게 정돈되어 있다. 아자디 타워의 전체적인 모양은 영어의 Y자를 뒤집어 놓은 듯한 구조로 중앙의 큰 아치는 모스크의 거대한 아치 형태를 본 딴 이완(Iwan)의 형태를 이룬다. 아자디 타워에 쓰인 재료는 하얀 색 대리석으로 이스파한에서 가져온 약 8만 여개의 돌을 이용하여 만들었다고 한다. 건축물의 전체 높이는 50m를 이루며 양쪽 지지대 안에는 세로로 그어진 파란색 줄눈이 있어 단조로움을 피해 준다. 또 타워의 각 부분에 이란의 역사를 상징하는 표식과 그림이 그려져 있다. 테헤란의 대표적인 상징 건축물로 이란을 간다면 아자디 타워를 찾아가 사진을 찍는 것도 유익한 일이다.

다음으로 테헤란의 관광 명소인 밀라드 타워이다. 밀라드 타워는 대중 교통으로의 접근이 어려워 택시를 타고 접근해야 한다. 밀라드 타워(Milad Tower)는 테헤란에 2007년 완공된 탑으로 높이가 435m에 달한다. 때문에 테헤란의 랜드마크 역할로 부상하여 '테헤란 타워'라고도 불리 운다. 밀라드라는 말은 탄생이라는 의미로 모하메드 레자 하페지라는 사람이 설계를 하였다. 타워에 들어가면 1층에서 3층까지는 출입시설로 로비를 비롯하여 각종 전시실과 식당 그리고 카페 등이 들어서 있음을 알 수 있다. 또한 테헤란 시내를 360도 각도로 조망할 수 있는 전망 시설이 있어 테헤란을 방문하는 사람들에게는 꼭 가서 보아야할 타워에 해당한다. 사실 내가 밀라드 타워에 간 목적도 이곳에서 테헤란 시내를 한눈에 조망하려는 의도를 가지고 있었다. 실제 밀라드 타워에 올라가서 테헤란 시내를 한눈에 내려다보니 테헤란은 인구 900만의 대도시답게 건물로 빽빽함을 볼 수 있다. 밀라드 타워에서 보는 테헤란 시내는 그 장대함이지만 북쪽의 엘부르즈 산맥을 보는 재미도 쏠쏠하다고 할 수 있다. 하지만 이날 엘부르즈 산맥은 구름에 가려 일부만 보이고 있어 다음날을 기약하여야 할 것 같다. 모든 것은 한 번에 이루어지기 어렵다는 사실을 또 느끼게 한다.

테헤란보다 더 오랜 도시 레이의 고대 유적을 찾아

레이(Rey)는 테헤란 남쪽에 인접한 작은 도시로 11세기와 12세기에는 테헤란보다도 더 큰 도시였으나 몽골의 침략을 받은 다음에 도시는 파괴되었다. 레

사진 12 밀라드 타워에서 보는 테헤란 시내

이는 고대로부터 실크로드 상의 중요한 통로의 하나였으며 조로아스터교의 유적은 물론 유명한 모스크도 존재한다. 즉 12이맘파의 제8대 이맘인 이맘 레자 아들의 영묘와 제7대 이맘인 무사 알 카짐 아들의 영묘가 있기 때문에 12이맘파의 중요 순례지로 인정되어 많은 무슬림들이 찾아온다. 테헤란 도심에서 레이는 그리 멀리 않은 관계로 택시를 타고 가면 쉽게 도달할 수 있다. 이제 고대 실크로드 상의 주요 도시인 레이로 여행을 떠나보자.

압둘 아짐 사원은 레이의 중심부에 위치하여 있는데 청색 돔과 사각형 회랑을 갖춘 모양새가 마샤드에 있는 이맘 레쟈 사원과 비슷하다. 회랑에 둘러싸인 모스크는 청색과 하얀색으로 된 벌집 모양의 무까르나스 양식을 보여주며 한

사진 13 레이의 압둘 아짐 사원

쪽에는 시계탑마저 설치되어 있음을 본다. 이처럼 압둘 아짐 사원은 그 규모도 작지 않을 뿐만 아니라 청색타일로 무장한 모스크 건물은 화려하면서도 웅장한 느낌을 준다. 다만 사원의 여기저기에 검은 색 깃발을 꽂고 있는 것이 보이는 것은 이란의 설날인 노루즈와 더불어 최대의 축제일인 아슈라 기간이 얼마 남지 않았기 때문이라 생각된다.

　다음으로 레이의 대표 유적에 해당하는 토그롤 타워와 케시메흐 알리로 가보자. 먼저 토그롤 타워(Toghrol Tower)는 12세기에 지어진 건축물로 20미터의 높이를 자랑한다. 이 탑은 셀주크 시대의 왕인 토그롤 베이크가 그의 나이 70세에 죽어 이곳에 묻히고 세운 탑에 해당한다. 토그롤 타워는 흙벽돌로 쌓아올린

사진 14 레이의 토그롤 타워

탑으로 외관이 마치 원통형 토기처럼 보이는데 몸체는 단순히 매끈한 원통이 아닌 물결무늬가 사방에 굴곡이 져있다. 실내 바닥에는 아무런 장식도 없으며 또 무덤과 같은 석관도 보이지 않고 하늘도 원형으로 동그랗게 뚫려 있다. 그 독특한 모양새와 셀주크 시기 왕과 관련이 있다는 역사성으로 인해 레이를 간다면 둘러볼 필요가 있는 유적이라 하겠다.

케시메흐 알리(Cheshmeh Ali)는 '알리의 봄'이라는 뜻으로 레이 북쪽에 위치한 작은 산에 해당한다. 이곳에는 레이의 옛 성과 물놀이가 가능한 작은 풀장이 있는 곳이기도 하다. 산위에 남아 있는 레이 성은 흙으로 지어진 토성으로 원형은 극히 일부분에 불과하고 나머지는 최근 복원된 것으로 보인다. 레이의 옛 성은 과거 실크로드의 한 중심이고 또 테헤란에 앞서 발달하던 레이의 옛 영광을 보는 듯한 시설이다. 또한 레이 성을 이루는 산의 암벽 단면에는 카자르조 시기인 파드 알리 샤 재위 기간에 새겨진 부조가 있어 레이 성을 찾는 이에게 또 하나의 기쁨을 선사해 준다. 암벽에 새겨진 부조는 중앙에 왕관을 쓴 왕을 중심으로 좌우에 많은 신하가 도열해 있는 장면을 연

사진 15 레이의 케시메흐 알리 유적으로
레이 성 아래에 카자르조 시기의 부조가 보인다.

출한 부조이다. 왕은 허리에 단검을 차고 왼손에는 곤봉과 같은 물체를 들고 있으며 오른손 아래에는 끝이 구부러진 이슬람식 칼을 잡는 듯한 모양을 하고 있다. 부조에 등장하는 대부분의 인물은 이슬람식 크라운 모양의 관을 쓰고 있음을 확인할 수 있다. 또한 오른쪽 끝에 별도로 조각된 인물상은 한 사람이 한 손에 새를 들고 있는 자세를 취하고 있다. 그 옆에는 또 한 명의 신하가 일산을 받쳐 들고 있는 장면을 나타낸다.

이곳에서 좀 더 외곽에 떨어진 유적이 레이의 불의 사원이다. 물론 이곳에 가려면 택시를 타고 가야하는 거리이다. 레이의 불의 사원은 현지 말로 타페 밀(Tappeh Mill)이라고도 하는데 사산조 시기의 건축물로 조로아스터교 불의 사

원에 해당한다. 유적의 높이는 약 18미터에 이르고 잔존하는 유구의 폭은 17
미터와 35미터에 이르며 1901년 프랑스 고고학 팀에 의해 발굴되었다. 불의
사원 유적은 넓은 평지에 흙으로 된 거대한 탑이 무너진 형태로 서 있는 모습을
보여준다. 현재까지도 아직 발굴이 진행되는 관계로 자세한 것은 살필 수 없으
나 실내에 흙벽돌로 쌓은 칸막이 형태의 많은 방이 보인다. 흙더미 중간 중간에
는 돌로 된 기둥 파편이 여기저기 보이는데 꽃무늬로 장식된 모습이 보여 이채
롭다. 레이의 불의 사원에서 가장 신기한 것은 벽돌로 쌓아올린 아치형태의 긴

사진 16 레이의 불의 사원 건물 잔해

굴이다. 거의 대부분 파괴된 상태이지만 사산조 당시에 이런 긴 터널로 만들어 진 불의 사원이 한 형식을 이루었던 것으로 보인다. 입구의 반대편에서 아치형태의 긴 터널을 빠져 나와 보면 다시 아치 모양을 한 불의 사원 건물 유구를 볼 수 있다. 사각형으로 된 건물 잔해에 아치형의 출입구가 사방에 설치되어 있는 점을 보아 금방 불의 사원이라는 것을 판단할 수 있다. 불의 사원 정상에 올라 보니 일망무제로 레이의 평야가 한 눈에 펼쳐 보인다. 레이는 몽골이 이곳을 침 공하기 전까지 오늘날 테헤란 지역에 중심을 이룬 곳으로 이스탄불까지 가는 실크로드 여정의 중간 기착지에 해당한다. 때문에 조로아스터교의 사원이 이 광활한 대지의 한쪽 면을 차지한다 해도 이상할리 없다는 생각이 든다. 이상은 레이의 대표적인 유적들로 필자에게 가장 인상이 깊었던 것은 아무래도 불의 사원이다. 사방이 탁 틔인 대지위에 우뚝 서 있는 불의 사원 유적을 볼 때에 과 거 조로아스터교의 위상을 다시금 확인할 수 있는 기회를 주었다.

2. 전통 페르시안 가옥과 바자르가 있는 카샨

카샨과 시알크 유적

사진 17 카샨 바자르

카샨(Kashan)은 이란 중북부의 카비르 사막지대에 위치하며 이스파한 주에 있는 한 도시로 인구는 27만 명을 넘는다. 여행자에게는 이스파한 관광을 마치고 테헤란에 올라가기 전에 거치는 도시로도 유명하다. 카샨 시내 시알크(Sialk)에서 발견된 유적에 의하면 카샨은 선사시대는 물론 엘람왕국 시기까지 그 역사가 거슬러 올라간다.

11세기인 셀주크조 시절에 지어진 건물이 있고 또 사파비조 왕들의 휴양시설이 많이 남아 있는데 이 중 바그에 핀(Bagh-e Fin)정원이 유명하다. 카샨에서 만들어진 카펫과 비단과 섬유는 세계적으로 유명하며 또 건조한 사막과 초록의 오아시스가 어우러져 휴양소 등 관광업이 발달하고 있다. 카샨의 전통 바자르도 다른 어느 도시 못지않게 많은 사람들이 몰리며 그릇, 의류, 식품, 과일 가게 등 많은 상점들이 바자르의 이곳

저곳을 차지하고 있다. 이란의 전통 빵을 굽는 가게도 바자르 안에 있어 많은 사람들이 빵을 사기 위해 기다린다. 이란의 빵은 난(Nan)으로 네 가지 정도 있으나 이란사람들은 두께가 얇은 빵인 라버쉬를 좋아한다. 나는 라버쉬보다는 두께가 좀 두꺼운 바르바디를 좋아하는데 이 빵은 담백하고 고소한 맛이 특징이다. 이 빵에 매료된 필자도 이란에 갈 때마다 즐겨 먹는다.

카샨의 전통 바자르 주변에도 이란의 어떤 바자르와 마찬가지로 이러저러한 모스크들이 자리 잡고 있다. 2015년 10월 아슈라가 얼마 안남서 그런지 아슈라에 쓰일 나무 가마가 검은 천에 둘러싸여 있는 모습을 볼 수 있다. 카샨의 전통 바자르는 거의 800년 역사를 가지지만 현재의 지붕이 있는 건물은 19세기 이후에 지어진 건축물로 실내는 돔과 아치형 천장을 이룬다. 특히 바자르에서 가장 오래된 건축물인 중앙 돔은 벌집 모양의 전형적인 형식인 무까르나스 양식을 보여주고 있다. 돔 중앙에는 12각형의 원형 천공이 하늘과 연결되어 빛이 실내에 충분히 들어오게 하고 또 벌집 모양은 매우 촘촘히 둘러쳐 있다. 돔 아래에는 8각으로 된 분수대식의 수조가 있어 시원함을 더해주고 돔 아래에는 1층과 2층으로 구분된 아치형 창호가 만들어져 있다. 카샨을 간다면 바자르를 가야하고 바자르를 간다면 이곳 돔을 꼭 보아야할 멋진 장소에 해당한다고 할 수 있다.

사진 18 카샨 바자르 천장을 이루는 돔

카샨 시내에서 둘러볼 유적은 테페 시알크(Tepe Sialk)로 이것은 카샨의 남
서쪽 3km 지점에 있는 선사시대 유적에 해당한다. 시알크는 언덕에 형성된 두
개의 남북 유적 지구가 있는데 북쪽에서 4기의 문화권이 발견되었으며 프랑스
고고학팀이 발굴하였다. 1기는 기원전 3500년경의 원시촌락을 이루며 이 시
기에 벌써 구리를 사용한 흔적이 나온다. 기원전 3500년경이라면 동북아시아
에서는 홍산문화 시기에 해당하는 신석기 시대이다. 홍산문화는 옥기와 적석
총 그리고 석관묘로 유명한 동아시아의 신석기 문화이다. 서아시아에서 영향
을 받은 동아시아의 선사문화는 채도에서 확인할 수 있다. 시알크 3기에서 나

오는 채문토기는 그릇 문양에 칠 그림
이 그려져 있음이 확인이 된다. 하지
만 기원전 1000년 경 초에 코카서스
지역에서 온 침입자들에 의해 시알크
는 남쪽에 성을 쌓고 다시 번창한다.

시알크 입구의 우측에 들어서면 이
곳에서 발견된 유물을 중심으로 작은
박물관이 만들어져 있는데 주로 토기
와 토기 파편들이 많이 전시되어 있

사진 19 카샨의 시알크 유적

다. 지구라트에 가기 전에 이곳 작은 박물관에 먼저 들러 시알크 유적에 대한
사전 지식을 충분히 얻는 것이 좋을 듯하다. 박물관을 본 뒤에 이어 시알크 부
지로 나가 확인하여 보자. 부지의 중앙에는 거대한 흙탑과 주변부에 연결된
흙으로 된 언덕 형태의 돈대가 보인다. 중앙에 흙탑이라 칭하는 유구는 시알

크의 지구라트에 해당하는 것으로 현재 남아 있는 것은 3개 층에 높이 16미터의 규모에 이른다. 지구라트의 하단부에는 흙벽돌로 쌓아올린 단층면을 볼 수 있어 이곳의 흙더미가 곧 지구라트라는 것을 실감하게 된다. 지구라트의 정상에 올라가면 이곳을 중심으로 한 카샨 시내가 다 잘 보인다. 또한 방문객에게 지구라트를 중심으로 한 이곳의 부지가 상당히 넓음을 파악하게 한다. 시알크 유적을 통해 알 수 있는 것은 카샨이 기원전 시기에 이란의 중부 일대에서 중요한 역할을 하였음이 드러난다고 할 수 있다.

핀 가든과 술탄 아미르 목욕탕

핀 가든(Fin Garden)은 카샨에 있는 페르시아식 정원으로 이란의 여러 곳에 현존하는 페르시아식 정원 중에서도 가장 아름다운 정원의 하나로 손꼽히고 있다. 2011년 이란의 다른 곳 8개 페르시아식 정원과 함께 유네스코 세계문화유산에 등록되었다. 핀 가든은 사파비조 이전에도 있었다고 생각되며 현존 핀 가든은 16세기와 17세기 전반을 통치한 압바스 1세 시대에 건축되어 압바스 2세시기까지 계속 증축된 건물이다.

사진 20 카샨 핀가든

그 후 카자르조 시기에도 증축은 계속되었으나 이후 핀 가든은 방치되고 만다.

핀 가든에 우선 들어가면 입구의 좌우에 하늘로 높이 솟은 사이프러스 나무가 많이 심어져 있어 시원한 느낌을 준다. 정면에 설치된 길 한가운데로 분수대가 사파비조 시대에 건축된 메인 건물 앞에 까지 길게 설치되어 있다. 핀 가든 옆의 언덕에 샘이 있고 이곳의 물을 이용하여 정원 내 분수대에 물을 공급한다. 메인 건물 앞에도 사각형 분수대가 다시 설치되어 있으며 뒤뜰의 건물 앞에도 분수대가 만들어져 있어 수로가 그곳까지 연결된다. 또한 벽쪽에는 이들 분수대와 연결된 수로가 벽면을 타고 길게 개설되어 있어 그 옆에는 역시 사이프러스 나무가 많이 심어져 있음을 볼 수 있다. 건물은 사파비조, 잔드조, 카자르조 시대의 건축적 특징이 잘 남아 있다. 중앙 건물로 이어지는 맨 끝 건물에는 스테인드글라스 창호에서 나오는 초록, 적색, 청색 등 햇빛이 반사되어 실내 바닥에 그림자 지는 방을 이룬다. 천장은 돔으로 이루어져 기하학적 무늬와 전통 옷을 입은 인물화로 장식되어 있다. 핀 가든을 한마디로 말한다면 분수대와 사이프러스 나무의 정원이라 해도 좋을 듯하다. 또 많은 분수대를 가진 수로와 여러 가지 나무들로 가득한 환경친화 정원이기도 하다.

다음으로 술탄 아미르 목욕탕(Sultan Amir Ahmad Bathhouse)에 가보자. 술탄 아미르 목욕탕은 가세미(Qasemi)로도 알려지고 있는데 카샨에 있는 이란의 전통 목욕탕에 해당한다. 지금은 목욕탕으로서의 기능은 없고 관광객을 맞는 박물관으로서의 구실만 한다. 목욕탕은 사파비조 시기인 16세기에 건축되어 1778년 지진에 의해 파괴되었지만 카자르조 시기에 다시 복구된다. 술탄 아미르 목욕탕은 탈의실과 욕탕 등 두 곳으로 나누어진다. 탈의실의 지붕은 돔

사진 21 카샨의 술탄 아미르 목욕탕

사진 22 술탄 아미르 목욕탕 지붕

으로 되어 있고 충분한 빛이 실내로 들어오도록 돔에 볼록 유리가 부착되어 있다. 목욕탕 입구는 하얀색 아치 형태에 벌집 모양의 무까르나스를 이룬다. 중앙에는 8개의 기둥으로 된 홀을 가지고 있으며 한 가운데에 분수대식 수조가 있다. 홀의 천장은 궁륭식 돔을 이루며 햇빛이 유리창을 통해 실내로 들어오게끔 되어 있고 주변에는 다양한 꽃무늬 및 기하학 무늬로 장식을 이룬다. 기둥의 하단부와 욕조는 청색 타일을 입히어 깔끔한 모습을 보이고 있고 또 욕탕 내의 다양한 무늬들과 어울려 화려한 느낌을 준다. 술탄 아미르 건물의 핵심은 실내에도 있지만 지붕에 올라가면 통풍탑과 함께 마치 젖꼭지처럼 채광 유리가 박힌 여러 개의 돔을 볼 수 있는 데에 있다. 돔에는 볼록 거울모양의 유리가 돔 경사면에 여러 개 붙어 있어 실내의 채광 효과를 돕는다. 술탄 아미르 지붕에서 보는 이런 돔은 마치 절에 세워진 불탑을 보는 정도로 멋진 광경을 연출한다. 때문에 이곳을 찾는 여행자라면 반드시 지붕에 올라갈 필요가 있다.

칸네 보루저디와 타바타베이 그리고 압바시안 가옥

칸네 보루저디(Khan-e Borujerdi)는 카샨에 있는 전통 가옥으로 카자르조 시기인 1859년에 상인인 세예드 하산(Seyed Hassan Natanzi)에 의해 150여 명의 장인을 고용하여 18년간이나 지었다. 칸네 보루저디 건물은 밖의 뜰 하나와 두 개의 안뜰로 이루어져 있다. 밖의 뜰에는 분수대 형식의 수조가 설치되어 있으나 현재 물은 채워져 있지 않은 상태이고 건물은 사각형 회랑식으로 만들

사진 23 카샨의 칸네 보루저디 전경

사진 25 칸네 보루저디의 천장 장식

사진 24 칸네 보루저디 아치형 창호

사진 26 카샨의 타바타베이 전경

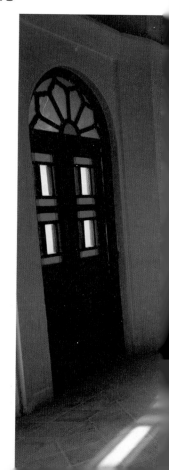

어져 있다. 실내에는 아치형 돔에 벌집 모양 등 다양한 구조에 화려한 문양 또는 그림이 있고 그림은 궁정 소속 화가인 사니 올 몰크에 의해 그려졌다고 한다. 돔의 천장은 벌집을 이루지만 볼록 유리를 돔의 중간 중간에 붙여 채광효과를 더욱 높이었다. 칸네 보루저디 건물은 40미터 높이의 하얀색 통풍탑이 설치되어 있어 언제나 쾌적한 실내 공기를 유지한다. 또한 3개의 출입구가 있는데 안과 밖의 마당 등 칸네 보루저디는 페르시아 전통 기법으로 건축된 한 예에 해당한다.

다음 타바타베이(Tabatabei)는 칸네(Khan-e) 타바타베이로도 알려지고 있다. 1880년대 이곳 상인 출신인 세

예드 자파르 타바타베이(Seyed Jafar Tabatabei)에 의해 지어진 타바타베이는 거울과 스테인드글라스가 유명하다. 타바타베이는 3개 구역과 4개의 뜰 그리고 분수대를 가지고 있는데 실내에 40개의 방과 200개가 넘는 문을 가지고 있다. 타바타베이는 정면에 두 개의 미나레트와 첨탑형 돔을 가진 출입구와 ㄷ자로 이루어진 좌우의 회랑으로 이루어져 있다. 출입문은 의외로 소박하고 작은데 왼쪽에 둥그런 쇠고리가 있고 오른쪽에는 일자형 쇠고리가 걸려 있어 남녀의 출입이 달리 이루어져 있음을 알 수 있다. 안에 들어가자 중앙에 분수

사진 27 타바타베이의 스테인드글라스

대와 뒤쪽에 또 다른 분수대를 가진 넓은 뜰이 나온다. 사각형의 분수대를 둘러싼 2층 회랑은 노란색 계열의 아치형 창호나 기둥으로 가득하다. 회랑을 이

루는 사방의 벽면에는 기하학적으로 조각한 나무 무늬 장식이 수없이 보이고 있다. 또 회랑의 중심을 이루는 건물 앞에는 짙은 보라색 꽃이 가득한 화단이 조성되어 있어 엷은 노란색 건물과 대조를 이룬다. 벽과 벽을 이어주는 사이사이에는 아치형 천장을 이루고 벌집형태의

사진 28 형형색색의 스테인드글라스

사진 29 아름다운 모습의 스테인드글라스

무까르나스 장식이 만들어져 있다. 중앙의 분수대는 이란의 전통 정원이나 사원 건물에서 늘 보는 것이지만 여기서의 의미는 분수대보다 정원의 수조(水槽) 역할을 한다고 할 수 있다.

타바타베이 건물 내부로 들어가자 벽감을 비롯 온통 노란색으로 치장되어 있음이 확인이 된다. 실내에는 통풍구를 통해 외부에서 들어오는 바람을 맞는 방도 별도로 꾸며져 있음이 눈에 띈다. 테라스 층에 하얀색 벽면을 이루고 아치형 창호를 갖춘 스테인드글라스에서 비추는 적, 청, 홍, 초록색이 햇빛에 투영되어 바닥면에 아름다운 천연색 그림자를 남긴다. 타바타베이는 햇빛에 투영된 스테인드글라스의 아름다움에 한정하여 말한다면 단연 이란에서 최고에 해당한다고 할 수 있다. 천장은 원형 또는 별모양의 거울이 장식되어 있고 아치형 창문에는 나무로 창호를 만들어 운치를 더해준다. 중앙 홀의 천장은 둥그런 원형 돔에 기하학적 무늬를 연속 배열하여 특이함을 이룬다. 전체적으로 타바타베이는 카샨에서 가장 볼만한 가치가 있는 아름다움을 가진 페르시아식 전통 가옥이라 할 수 있다.

사진 30 아치형 창호를 통해 들어오는 햇살들

마지막으로 카샨에서 볼 수 있는 전통가옥 중 압바시안 가옥(Abbasian House)을 소개한다. 압바시안 가옥은 카샨에 있는 전통가옥 중에 가장 큰 규모

사진 31 카샨의 압바시안 가옥

사진 32 아치형 구조를 통해 본 압바시안

사진 33 압바시안의 스테인드글라스

를 자랑하고 있는데 실내에 6개의 안뜰을 가지고 있다. 18세기 말에 건축된 압바시안 가옥은 타바타베이를 포함하여 카샨의 전통 가옥을 대표한다고 해도 과언이 아니다. 압바시안 가옥은 1층과 2층의 사각형식 회랑 구조로 되어 있다. 1층에는 직사각형 모양의 분수대식 수조가 있고 많은 기둥이 1층과 2층을 통해 여러 칸의 방으로 나누어진다. 1층을 차지하는 중앙의 뜰에는 나무가 심어져 있어 단조로움을 피하고 건물의 전체적인 색상은 엷은 노란색으로 은은한 감을 준다. 실내에는 돔형 천장을 이루고 돔 안에는 벌집과 예의 기하학적 문양이 그려져 있다. 창호는 나무로 밖의 빛을 반사하지만 타바타베이처럼 화려하고 다양한 스테인드글라스는 보이지 않는다. 하지만 유리거울이 벽면을 장식하는 방도 꾸며져 있어 호사한 느낌을 방문객에게 준다. 1층은 사방이 온통 건물로 둘러싸여 있어 좁고 답답한 느낌을 주지만 뜰 한가운데 분수대와 나무가 심어져 있어 이것을 다소 막아 주고 있다. 중앙에 있는 메인홀은 1층과 2층이 서로 연결되어 있는 통구조로 1층에는 아치형 창호의 출입문이 설치되어 있고 2층에는 돔식 천장이 만들어져 있다. 정면으로 중앙홀을 바라보면 분수대식의 수로가 건물 끝까지 통과하여 있음을 알게 된다. 이로 인해 방문객은 압바시안이 통수와 통풍이 매우 잘된 가옥이라는 것을 쉽게 느낄 수 있다.

아비아네

이제 카샨 시내에서 벗어나 카샨의 외곽에 있는 관광지를 소개할 때가 되었다. 카샨의 외곽에 있는 아비아네(Abyaneh)는 이스파한 주에 있는 이란의 전통 마을로 모두 160 가구가 살고 있는 작은 마을에 해당한다. 아비아네는 카샨에서 남동쪽 70km 지점에 있는 이란에서 가장 오래된 마을의 하나로 1500년의 역사를 가지고 있다. 때문에 이곳을 카샨에서 찾아간다면 택시를 대절하여 반나절이 조금 넘는 코스로 일정을 잡아야 한다. 택시를 잡아타고 주변에 커다란 산맥이 둘러싸인 아비아네에 들어서면 마을은 온통 붉은 색 건물로 거리를 도배한 광경을 목격하게 된다. 대부분 흙벽돌로 지어진 건물로 큰 길을 중심으로 좌우에 걸쳐 있다. 마을은 마치 산골의 미로처럼 여러 갈래의 작은 골목길로 충만하여 있는데 길 가에는 1층 또는 테라스를 가진 2층집이 대부분을 이룬다. 대문에는 이

사진 34 아비아네 전경

사진 35 붉은 색 집을 이룬 아비아네

사진 36 아비아네 성채

사진 37 아비아네 마을 할머니들의 독특한 히잡

란의 다른 가옥에서 보는 것처럼 왼쪽에는 남자가 출입하는 일자형 고리가 있고 오른쪽에는 여자가 출입하는 둥근 원형의 쇠고리가 달려 있다. 또 어떤 집에서는 여성들만 사는지 둥근 쇠고리만 출입문에 달려 있다. 이 마을에서 가장 전형적인 형태를 이루는 집은 나무로 만든 출입문을 1층에 달고 또 2층에는 밖으로 돌출된 목제 테라스가 있는 집이라 할 수 있다. 어떤 집의 테라스에는 지나가는 사람들이 다볼 수 있게 아슈라 기간에 쓰는 불꽃 모양의 나무 가마를 진열해 놓는다. 또 1층에는 아치와 2층에는 골목길 쪽으로 돌출된 테라스가 있는 형태로 모스크를 만든 집도 있다. 건물 중에는 아치형태의 불의 사원도 있어 이곳이 조로아스터교를 신봉하던 사람들이 이 산골에 피신해와 형성된 것임을 알게 해준다.

아비아네 마을을 찾는 사람들에게서 가장 특징적으로 관찰되는 사실은 이곳에 사는 여자들이 쓰는 히잡에 대한 것이다. 아비아네의 여성들이 쓰는 히잡은 하얀색 바탕에 빨강과 초록색의 화려한 꽃무늬가 장식된 스카프라는 점이다. 이곳의 여성들이라 해도 한국처럼 젊은 사람들은 없고 대부분 노인들이 이 하얀색 히잡을 쓰며 그들 나름의 전통을 지키고 있다. 독특한 모양을 한 꽃무늬 문양의 하얀색 히잡을 쓴 사람들은 대부분 이곳 할머니들이지만 이들이 있음으로 해서 아비아네는 더욱 빛을 보게 된다. 마을 사람들의 복장에 관한한 마슐레 마을보다도 이곳이 더욱 정감있고 특징적이라 할 수 있다.

다음으로 아비아네 마을을 한 눈에 조망할 수 있는 성채가 있어 그쪽으로 가보자. 성채는 마을의 뒤편에도 사산조 시기의 작은 성이 있지만 마을의 맞은편 산에 자리 잡고 있는 성이 더 크고 우람하다. 마을 맞은편의 성에서는 한 눈에 아비아네 마을을 조망할 수 있어 이곳 관광의 가장 압권이라 할 수 있는 곳이다. 그

사진 38 아비아네의 꽃무늬 히잡을 쓴 할머니들

곳에서 본 아비아네 마을은 카르카스 산자락 아래 옹기종기 붙은 붉은 색의 향연과 초록색의 미루나무 숲으로 장관을 이룬다. 산 위에 있는 옛 성벽은 사각형 흙담에 각 모서리에는 고구려성의 치처럼 생긴 망루가 밖으로 돌출되어 있다. 망루와 성벽은 일부 부서지기도 하였지만 사각형으로 된 토성임을 확인할 수 있는 정도로 남아 있다. 옛 토성에서 조금 내려오면 마치 중국 감숙성에서 많이 보이는 요동(窯洞)처럼 앞에는 흙벽돌을 쌓고 뒤에는 나무문을 설치한 동굴형 창고가 많이 보인다. 이는 식물의 저장 창고나 또는 추운 계절에 피난하는 장소로 이용했을 법하다. 아비아네 마을을 온전히 보겠다면 이곳 옛 성터에서 마을을 내려다보는 경관을 꼭 보아야만 진정한 모습의 아비아네를 보았다고 할 수 있다.

이란의 전통마을은 이곳 말고도 길란 주의 마슐레도 있지만 아비아네가 아직 덜 관광 자원화하여 전통의 깊은 맛은 여기서 더 느낄 수 있는 장점이 있다.

3. 이란의 중심인 이스파한 주

이란의 진주인 이스파한

이스파한(Esfahan)은 이스파한 주의 주도로 인구가 175만 명을 넘는 이란에서 3대도시에 들어간다. 이스파한 주는 위로 테헤란과 콤 주 그리고 셈난 주와 동으로 야즈드 주와 접하고 남으로 파르스 주와 접한 이란 영토의 거의 중앙부에 위치한다. 테헤란에서 이스파한 또는 시라즈에서 이스파한까지는 버스로 7시간 전후 걸린다. 야즈드까지는 5시간, 카샨까지는 3시간 걸린다. 도시는 관광도시답게 외국인이 묵을 수 있는 호텔도 많다. 사실 이란에서 호텔에 가면 외국인을 거절하는 경우는 매우 드물다. 중국에 수시로 가는 필자에게 가장 어려운 일은 중국에서는 외국인을 안 받는 호텔이 상당수 있어 숙소잡는 일이다. 북경같은 대도시도 사정은 마찬가지이다. 하지만 이란에서 이런 일은 거의 없다. 일본도 마찬가지이다. 일본도 외국인과 내국인을 구별하여 받는 호텔도 거의 없다. 각 나라마다 특성이 있겠지만 중국에서 숙소를 잡는 일은 매우 신경이 쓰이는 일이다. 여행의 성패를 좌우한다고 할 수 있을 정도이다.

각설하고 이스파한을 한마디로 말하면 한국의 경주와 같은 역사문화 도시로 유적들이 무궁무진하다고 할 수 있다. 도시 분위기도 깔끔하고 활기차다. 이스파한은 '세상의 절반'이라는 뜻으로 16세기 사피비조 이래 페르시아적인 건축물로 가득하여 외국인이라면 아니 이란인도 이란에서 가장 가보고 싶은 도시에 해당한다. 이스파한은 자그로스 산맥에서 발원한 자얀데 강이 서울처럼 남북을 가로질러 흐르고 있어 수자원이 풍부한 도시에 해당한다. 때문에 이스파한은 과일 생산지로도 유명하다. 14세기 모로코 출신의 세계적인 여행가인 이븐 바투타의 여행기에도 이스파한의 과일에 대한 이야기가 나온다. 즉 이스파한에는 살구와 포도 그리고 수박이 산출되며 특히 수박은 중앙아시아의 부하라나 호라즘을 제외하면 이 세상 어디에도 비교할 수 없는 맛을 지닌다고 극찬하고 있다. 또 수박의 껍질은 푸르스름하고 속은 빨갛다고 적고 있다. 실제 이스파한 시내를 돌아다녀보면 과일 가게가 많고 각종 과일로 넘쳐난다.

이스파한의 역사는 아케메네스조 시대까지 거슬러 올라간다. 사산조 시기에 이스파한에 유대인 정착촌이 생기면서 이곳에 유대인이 많아지게 되고 이슬람 이후 셀주크 시대에는 이스파한에 수도를 삼기도 했다. 그러나 13세기 몽골과 티무르의 침입으로 이스파한은 철저한 파괴를 당한다. 하지만 16세기에 사파비조의 압바스 1세가 수도를 가즈빈에서 이곳 이스파한으로 옮겨 새로운 전기를 맞는다. 압바스 1세는 경제부흥을 위해 타브리즈 북쪽의 아르메니아 국경에 인접한 졸파에서 아르메니아 사람들을 대거 이스파한으로 옮겨 살게 한다. 또한 이스파한을 이슬람 세계에서 가장 아름다운 도시로 만들기 위해 많은 건축물을 세우게 되며 오늘날 이스파한에 남아 있는 대부분의 건물은 이 시기에 건축된 것이다. 18세기에 들어와 이스파한은 아프간인들에게 약탈을 당하고 수도마저 마샤드에 빼기는 수모를 당한다. 이후 잔드조 시절에 잠시 시라즈에 수도를 삼기도 하였으나 19세기를 거쳐 20세기에 들어와 카자르조가 수립되며 수도는 테헤란으로 정해져 오늘날까지 이어지고 있다.

체헬소툰 박물관과 이맘광장

이제 이스파한 시내를 유람하여 보자. 먼저 이스파한의 대표적인 명소의 하나인 체헬소툰(Chehelsotoon)에 가본다. 체헬소툰은 '40개의 기둥을 가진 정원'이라는 뜻으로 실제 가보면 기둥은 20개밖에 없음을 알게 된다. 체헬소툰은 사파비조의 압바스 1세 시절에 지어지기 시작하여 압바스 2세 시기인 1647년에 완성된다. 체헬소툰은 현재 박물관으로 꾸며져 사람들을 맞고 있는데 유적의 성격은 정원 또는 궁전이라 할 수 있으며 현재 세계문화유산으로 등재되어

사진 39 이스파한 체헬소툰 궁전

사진 40 기둥을 이루고 있는 하단의 사자상

사진 41 체헬소툰 궁전에서 만난 여학생들

있다. 체헬소툰에 들어가며 가장 먼저 눈에 들어오는 것은 궁전 건물 앞에 직사각형으로 길게 설치된 풀장 형식의 수로이다. 입구를 통해 들어가면 좌우 벽면의 양쪽에 각종 석물이 배치되어 있는 것을 볼 수 있는데 이것만 보아도 체헬소툰은 단순한 정원식 궁전이 아닌 박물관 구실을 제법 한다고 할 수 있다. 석물 중에 가장 먼저 눈에 띄는 것은 사자 두 마리가 사이프러스 나무를 사이에 두고 서로 마주보며 싸우는 모습의 조각상이다. 릴리프는 여러모로 보아 이슬람 시기에 만들어진 것으로 보인다. 이외에도 사자 머리 장식을 한 기둥의 초석도 있다. 이러한 사자상 조각은 모두 페르시아 왕권의 위엄과 권위를 상징한다고 할 수 있다.

수로의 입구에도 사자 머리에 여자가 합성되어 조각된 석상이 좌우에 서 있다. 이러한 석상은 제주도로 말하면 돌하르방에 해당되는 것으로 일종의 수호신 개념에 해당한다. 수로 끝에서 본 체헬소툰 궁전 건물은 정면에 6열 3종대로 나무 기둥이 지붕을 받치고 있는 형태를 이룬다. 체헬소툰 궁전의 테라스는 대부분 나무로 만들어진 구조이다. 나무를 받친 초석은 조금 전 입구의 좌우 벽면에서 본 것처럼 네 마리의 사자가 앉아 있는 자세를 취한 석상을 가지고 있다. 사자상은 그 목의 갈기며 털을 하나하나 생동감있게 표현되어 있어 금방이라도 튀어나올 듯하다. 궁전의 메인 출입구는 기둥과 기둥으로 배치되며 그 사이에 또 풀장이 있고 마지막에 유리 거울로 된 무까르나스라고 하는 벌집모양의 아치형 구조가 나온다. 대리석으로 마감한 벽면의 하단은 마름모꼴로 잎사귀 문양을 넣고 그 안에 다시 초록과 청색의 꽃들로 장식하였다. 이러한 형태는 다른 건물에서는 좀처럼 보기 힘든 것으로 보는 이에게 감탄을 느끼게 한다. 메인홀은 매우 높은 천장을 가지고 있고 또 붉은색 문양으로 치장되어 있으며 벽면에는 사파비조 시대에 일어난 일들을 묘사한 대형 그림이 부착되어 있다. 궁전 건물 뒤에도 앞에서와 같이 물이 차있는 풀장이 가로로 길게 설치되어 있다. 체헬소툰은 궁전 건물을 중심으로 앞과 뒤편에 물이 차있는 풀장을 배치함으로 보는 이에게 시원한 감을 느끼게 한다. 즉 풀장 물위에 비추어진 궁전 건물의 모습이나 나무들의 모습이 또 다른 매력으로 등장할 수 있기 때문이다. 전체적으로 체헬소툰은 페르시아 정원의 전형적인 모습을 갖춘 아름다운 한 예에 속한다고 할 수 있다.

다음으로 이스파한을 찾는 이라면 반드시 가보는 이맘광장을 소개하여 보자. 이맘광장은 이스파한을 대표하는 문화유적지라고 할 수 있다. 이맘광장의 본래 이름은 낙세자한으로 그 의미는 '세상의 원형'이라는 뜻을 가지고 있다. 압바스 1세가 사파비조의 수도로 이스파한을 정하면서 가장 공을 들인 건축물이 바로 이맘광장으로 길이가 510미터에 폭은 163미터로 세계문화유산에 등

사진 42 이맘 모스크 방면을 바라본 이스파한의 이맘광장

사진 43 이스파한의 이맘광장 회랑

사진 44 이스파한 이맘광장의 알리카푸

재되어 있다. 직사각형 모양의 광장에는 각종 시설이 자리잡고 있는데 남쪽에는 이맘광장의 중심인 이맘 모스크가 있으며 서쪽에는 광장에서 가장 아름다운 건물인 압바스의 궁전인 알리카푸가 있다. 또 동쪽에는 쉐이크 로트폴라 모스크가 있고 북쪽에는 각종 페르시아 민예품과 은제 그릇 등을 파는 바자르가 형성되어 있다. 이맘 모스크 쪽 광장에는 돌기둥 두 개가 서 있는 모습을 볼 수 있는데 이는 폴로 경기의 골대에 해당된다. 또한 광장 내부에 설치된 분수대와 잔디밭은 비교적 최근인 팔레비조 시기에 조성된 것으로 알려지고 있다.

이제 이맘광장의 각 시설물을 찾아가 보자.

먼저 알리카푸는 압바스의 궁전으로 사용되던 건물인데 1597년에 완공된 건물이다. 알리카푸를 밖에서 보면 앞서 본 체헬소툰처럼 분수대가 있고 그 뒤로 궁전 건물이 배치되는 형식을 취하고 있다. 건물의 외형은 3단 통짜 구조인데 1

사진 45 악기 모양을 한 알리카푸 내부

단은 벽돌로 되어 있고 2단은 나무 기둥이 받치고 있으며 마지막 3단은 다시 벽돌로 구성된 복합건물에 해당한다. 실내에는 외국인을 위한 접대시설로 발코니를 설치하고 또 왕 자신이 음악애호가로서 필요한 음악 감상용 공간이 따로 배치되어 있다. 알리카푸 실내에 직접 들어가 보면 건물은 6층으로 구성된 건물임을 금방 깨닫게 된다. 위층으로 올라가는 계단 바닥과 측면에 꽃무늬 타일을 붙여놓아 한층 고급스러움을 자아낸다.

테라스 층에 올라오면 이맘 모스크의 4개 미나레트와 돔이 한눈에 들어오고 이어 저 멀리 이스파한 시내를 뒤로 하여 높은 산맥이 지나감을 보게 된다. 테라스 층에서 내려다보는 이맘광장은 직사각형의 네모진 모양을 이루고 그 외곽은 사각형을 감싼 듯 회랑이 동서남북에 걸쳐 2층으로 연결된 모습을 보인다. 이처럼 이슬람 사원의 대부분이 직사각형으로 길쭉하게 만들어지는 것은 사원의 중심을 메카로 향하게 하기 때문에 일어나는 현상이다. 때문에 거의 모든 이슬람 사원은 정사각형보다는 한쪽이 길은 직사각형 모습을 하고 있다. 테라스 층에서 바라본 이맘광장은 회랑을 포함하여 완전한 직사각형 구조를 이룬다. 테라스 층 밖은 체헬소툰처럼 나무 기둥이 지붕을 받쳐있고 실내는 온통 갈색계열의 타일로 장식한 모습을 보인다. 뮤직홀은 마지막 6층에 있는데 벽면이 나무로 벌집모양을 이루면서도 그 안에 온통 갖가지 악기 형태를 천공

사진 46 이스파한 이맘광장의 이맘 모스크

하여 신비로움을 준다. 이런 악기
모양 장식은 이란의 어느 곳에서
도 볼 수 없는 형태를 이룬다.

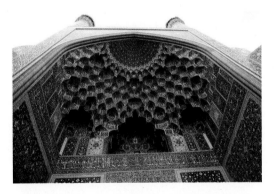

사진 47 이맘 모스크의 벌집 모양 장식인 무까르나스

　다음으로 이맘 모스크는 이맘
광장에서 가장 눈에 띄는 건물이
라 할 수 있다. 1629년에 완공된
이 모스크는 42미터에 달하는 두
개의 미나레트를 앞에 두고 뒤에

다시 청색 돔과 함께 두 개의 미나레트를 가진 건물로 구성되어 있다. 4개의 미
나레트는 모두 청색 타일로 외장하였는데 상단에는 망루를 두었다. 이맘 모스

크의 정문은 중앙 출입구를 중심으로 부속건물이 날개처럼 ㄷ자형으로 좌우에 연이어 있다. 중앙 출입구 상단의 무까르나스(muqarnas)라고 하는 벌집은 다른 곳보다도 그 수가 많고 화려하면서도 섬세한 문양으로 가득하다. 정문 출입구 좌우에 연결된 복도를 통해 들어가면 넓은 뜰이 나오며 저 멀리 두 개의 미나레트를 가진 돔 건물이 버티고 있다. 뜰은 사방이 모두 회랑으로 연결되어 있어 한층 폐쇄된 구조를 보여주며 각 회랑마다 아치형 칸이 여럿 나뉘어 있다. 돔의 천장은 하늘을 향한 궁륭식으로 꾸며져 있고 기둥이 촘촘히 박혀 서있다. 돔 안을 꾸민 타일도 모두 꽃무늬나 기하학 무늬 등의 아라베스크 문양뿐으로 사람이나 동물을 표현한 장식은 없다. 이는 코란의 가르침에 따른 것으로 모스크에

사진 48 이스파한 이맘광장의 쉐이크 로트폴라

선 어떤 우상의 표현도 없다는 것을 알 수 있게 한다. 돔 중앙의 바닥에는 검은색 돌이 사각형으로 설치되어 있는데 이는 이곳에서 설교를 하면 돔 안에 널리 퍼지는 음향효과를 가져온다는 곳이다.

사진 49 이스파한 이맘광장 바자르 안의 그릇 가게

다음으로 쉐이크 로트폴라이다. 쉐이크 로트폴라는 압바스왕의 여자들을 위해 지은 모스크로 미나레트와 안뜰이 없는 구조를 보여준다. 쉐이크 로트폴라라는 이름은 압바스의 장인 이름으로 그는 시아파 성직자에 해당한다. 정문에는 청색 타일로 갖가지 기하학적 문양을 수놓았고 후면의 돔은

사진 50 이스파한 이맘광장에서 만난 여성들

옅은 갈색으로 문양을 둘러 아기자기한 모습을 보여준다. 청색 타일로 표현하는 문양은 매우 섬세하게 그리고 산뜻하게 장식되어 있다. 이런저런 양식을 모두 감안한다면 방문객이 언뜻 보기에도 이 모스크가 여성용이라는 느낌을 금방 가지게 한다. 정문의 상단은 언제나 그렇듯이 벌집모양의 문양이 빼곡히 붙어 있고 건물의 좌우에 이맘광장의 노란색 회랑과 연결되어 있다. 건물 내부는 복도식 길을 통해 중앙 돔으로 연결된다. 돔 안에도 매우 섬세한 문양의 타일

사진 51 친구들끼리 이맘광장에 놀러 온 이란여성

로 장식되어 있으며 돔의 상단 창호에서 내려오는 햇빛이 실내의 중앙 바닥을 비추는 채광구조를 이룬다. 실내의 문양은 전체적으로 여성용 공간답게 아기 자기하면서도 섬세한 느낌을 보는 이에게 준다.

이제 마지막으로 이맘광장에서 볼 수 있는 풍물 중 바자르에 관한 것인데 바자르는 이란의 어느 도시나 모스크를 중심으로 잘 발달되어 있음을 알 수 있다. 이스파한도 예외는 아니어서 이맘광장의 사각형 회랑 안팎에 바자르가 많이 형성되어 있다. 특히 알리카푸 주변에 있는 바자르는 은제 또는 동제 페르시아식 수제 그릇을 파는 가게가 많이 형성되어 있어 방문객에게 특별함을 느끼게 해준다. 이맘광장의 바자르 안에는 온갖 풍물이 다 있지만 여행자에게 특히 필요한 환전소도 이곳에 있다. 이란 여행자에게는 달러나 유로를 이란 돈으로 바꾸는 것도 일이다. 테헤란의 이맘 호메이니 공항 2층에서 환전한 여행객이 이란 돈이 곧 바닥나면 이스파한의 이맘광장에서도 돈을 환전할 수 있다. 여러모로 이맘광장은 여행자에게 유익한 곳이다. 이맘광장의 바자르를 끝으로 이스파한의 다른 장소로 발길을 옮겨가 보자.

저메 모스크와 자얀데 강을 가로지르는 옛 다리

발길은 저메 모스크로 옮겨진다. 저메 모스크는 이란의 곳곳에 산재하지만 이스파한의 저메 모스크는 사산조 시기 조로아스터교의 불의 신전이 있던 장소에 8세기 이슬람 세력이 페르시아를 침공하고 수니파 모스크를 세운데서 그 기원을 둔다. 이후 셀주크조와 일한국 그리고 사파비조에 이르기까지 계속 증축되어 오늘날과 같은 모

사진 52 이스파한 저메 모스크의 미나레트

습을 갖추게 된다. 저메 모스크 정문은 이맘광장의 모스크보다는 다소 소박함을 보이는데 벌집의 무까르나스도 문양과 채색없이 하얀색으로 단순하게 처리하였다. 역시 입구에는 야즈드 구시가지에서 보는 것처럼 쇠사슬이 사람인 자(人)로 걸려 있다. 정문을 지나자 짙은 갈색 벽돌로 쌓아 올린 공간이 나온다. 이

공간은 모스크 내에서 가장 오래된 지역으로 9세기에 지어진 것이다. 수많은 기둥이 아치형 천장을 받치며 칸을 나누고 기둥에는 각자의 문양이 촘촘히 장식되어 있음이 보인다. 실내는 채광장치가 많지 않아 어두워 보이나 천장이 뚫린 곳으로 빛이 들어와 다소 어둠을 해결해 준다. 이런 형태를 놓고 볼 때에 초창기 모스크의 모습을 가늠해 볼 수 있다. 돔으로 꾸며진 실내도 아무런 장식이 없이 짙은 갈색의 벽돌로 설치되어 있고 기도처에서만 청색 타일로 붙인 일부 흔적이 남아 있을 뿐이다. 기둥을 형성하는 외벽 돌도 일부 박락되어 있으며 다만 안

사진 53 저메 모스크

사진 54 이스파한 시오세다리

쪽은 고색창연한 모습을 보인다.

　밖으로 나오니 동서남북 사방이 2층 회랑으로 연결되어 있어 이맘광장의 이맘 모스크와 별반 다르지 않다는 생각이 든다. 각 회랑의 중간에 설치되어 있는 출입문은 아치형 상단에 예의 벌집이 있으나 색상을 입힌 타일이 없어 화려하지는 않다. 뜰의 한가운데는 작은 계단을 통해 올라갈 수 있는 제단이 마련되어 있다. 회랑 중에 유일하게 두 개의 미나레트를 가진 돔은 셀주크 시기에 만들어진 것이며 나머지는 투르크계인 백양조 시절에 건축된 것이다. 또 회랑 안을 걷다보면 일칸국 시기에 세워진 설교단 시설인 메흐랍도 찾아볼 수 있다. 이스파한의 저메 모스크 돔은 이스파한에서 가장 오래되고 또 이란 전체에서도 손꼽을 정도로 오래된 건물로 그 의의를 가진다고 할 수 있다. 이래저래 이스파한은 볼거리로 많은 도시에 해당한다.

사진 55 이스파한 카주 다리

다음으로 이스파한 시내를 흐르는 자얀데 강을 가로지르는 옛 다리들을 찾아가 보자. 이스파한 시내 중심을 가로질러 흐르는 자얀데 강은 이스파한의 젓줄로 여기에는 많은 다리들이 설치되어 있다. 우선 먼저 시오세 다리를 가본다. 시오세 다리는 '33개의 다리'라는 뜻으로 이스파한에서 가장 잘 알려진 다리로 유명하다. 이 다리는 사파비조 압바스 1세의 명령에 의해 1602년 완성된다. 다리의 총 길이는 360미터이고 폭도 14미터를 이루어 이스파한의 자얀데 강에 있는 다리 중에 가장 큰 다리라고 할 수 있다. 다리를 이루고 있는 아치는 33개이며 통로에 설치된 아치는 난간 형식으로 하늘을 향해 높게 뻗어 있다. 다리의 상판 통로에는 이란의 각지에서 온 많은 이란 사람들로 붐빈다. 물론 외국인 관광객도 필수적으로 이 다리를 보러 많이 온다. 다리의 좌우에 있는 강물은 다음에 보는 카주 다리보다도 수량이 많아 이 시오세 다리가 더욱 운치를 준다고 할 수 있다. 그럼 이제 카주 다리에 가보자.

시오세 다리가 외국 관광객들에게 많이 알려져 있다면 이 카주(Khajou) 다리는 이란 사람들에게서 더 사랑을 받는 다리이다. 다리의 길이가 132미터에 폭이 12미터에 이르고 수문이 총 21개에 이른다. 다리는 2층으로 이루어져 있는데 1층은 수로의 역할을 하고 2층은 통로의 역할을 한다. 1층과 2층 난간에는 많은 시민들이 나와서 잡담하거나 앉아있는 등 휴식공간으로 애용되고 있다. 특히 이 다리가 유명한 것은 이 다리의 양쪽에 사자상이 있기 때문이다. 이 사자상에 올라가면 결혼하여 아들을 낳는다는 전설이 있어 사자상은 사람들의 때로 반들반들하다. 하지만 사자상은 입 안에 사람얼굴이 조각되어 있고 꼬리는 몸체에 가냘프게 붙어 있으며 또 다리는 뭉툭스러운 점 등으로 볼 때에 다소 희화적이라 할 수 있다. 아무튼 이스파한을 대표하는 자얀데 강에 이렇게 훌륭하고 멋진 다리가 많이 설치되어 있다는 것은 이스파한을 더욱 운치있게 하고 또 찾게 하는 요인이 되기에 충분하다.

반크교회와 흔들리는 미나레트 그리고 마르빈 성채

이스파한의 중심지이자 젊은이들의 거리인 졸파지구는 사파비조의 압바스 1세가 아르메니아인들을 집단으로 이주시키며 만든 상업지구로 자얀데 강의 남쪽에 있다. 이 졸파지구 안에 있는 반크교회(Vank Church)는 압바스 2세 시절인 17세 중엽에 건립된 종교 시설이다. 반크교회 정문의 맞은 편 분수대에 있는 검은 망토를 입은 동상은 가차투르 바르다페트라는 이란 사람으로 17세

사진 56 이스파한의 반크교회 정문

기 전반에 인쇄기를 발명하여 지금까지 손으로 쓰던 성경을 인쇄하여 보급한 인물이다. 교회정문은 일자형 건물의 가운데에 첨탑이 있는 구조로 첨탑 위에는 시계가 사방에 걸쳐 걸려 있다. 출입문을 통해 안으로 들어가자 오른쪽으로 종탑이 보이고 그 아래에는 사각형 대리석으로 만든 묘지들이 보인다. 교회의 메인건물 지붕에는 첨탑과 모스크에나 있을 법한 돔이 공존하고 있다. 이슬람과 공존하여야 하는 이곳 기독교의 현실을 말해주는 듯하다.

사진 57 이스파한 반크교회 전경

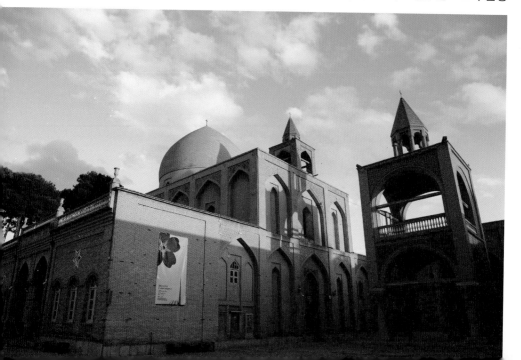

사실 이란의 옛 기독교회 건물은 모두 관광 자원화되어 있어 실제 교인들이 예배하는 장소라고 보기 어렵다. 필자가 타브리즈에서 본 몇몇 기독교회를 빼놓고는 다들 그러하다. 이슬람 시아파가 국민의 거의 대부분이 믿고 있는 현실에서 이러한 기독교회 건물이 잘 보존되고 있는 것만 해도 신기할 따름이다. 중국 하얼빈의 명물인 러시아 정교회 대성당도 형해화되어 있기는 마찬가지이다. 교회의 신도는 하나도 없이 관광객만 잔뜩 붐비는 하얼빈의 성당은 더욱 애처롭기만 하다. 유적을 가꾸고 지키는 일은 그 유적의 연고와 관계없이 모든 사람이 지켜가야 할 당연한 의무에 해당한다. 최근 반달리즘이 팽배하는 중동의 현실을 보면 안타까운 마음이 그지없다. 이런 생각을 곰곰이 하며 나는 반크교회 안에 들어갔다.

사진 58 반크교회 내부 천장 장식

교회 내부는 고난의 예수상 등 성경과 관련된 여러 가지 벽화가 아주 선명하고 화려하게 그려져 있는데 이 그림들은 모두 아르메니아에서 온 화가들이 직접 그렸다고 한다. 그림의 질도 그렇지만 양도 대단히 많아 보는 이를 깜짝 놀라게 한다. 이렇게 교회 내부에 성화가 많이 그리고 잘 보존되어 있는 교회는 이란 내에서 이곳이 유일하다고 할 수 있다. 그런 만큼 이스파한을 방문하는 사람들에게는 꼭 찾아가야할 귀중한 인류의 문화유산에 해당한다고 할 수 있다. 이밖에 교회 옆에는 아르메니안 박물관이 별도로 마련되어 있는데 각종 성경과 교회 관련 기물들이 많이 전시되어 있다. 특히 20세기 초 터키에서 일어난 아르메니아인 집단 학살 사건인 '아르메니안 제노사이드'에 대한 자료도 볼 수 있어 박물관은 아르메니아인의 역사와 문화를 이해하는데 많은 도움을 준다.

반크교회 일정을 마치고 다음 목적지인 흔들리는 미나레트에 가본다. 흔들리는 미나레트(Shaking Minarets)는 마나르 존반이라 해서 성직자인 아무 압둘라의 영묘로 일한국 시기인 14세기에 세워진 것이다. 한쪽 미나레트를 흔들면 다른 쪽 미나레트도 흔들린다는 속설이 있는 영묘로 미나레트는 2개를 가지고 있다. 그 만큼 영묘는 아무 압둘라에 대한 영험을 이야기해 준다고 할 수 있다. 영묘는 소나무 숲에 둘러싸인 하나의 공원인데 그 속에 노

사진 59 이스파한의 흔들리는 미나레트

사진 60 이스파한 마르빈 성채 원경

란색 벽돌로 지어진 영묘가 나타난다. 영묘는 2개의 미나레트를 가진 단출한 건물인데 정면에는 아치형 출입구가 크게 나아 있어 참배객을 맞는다. 영묘 안에는 압둘라의 묘인 듯한 사각형 대리석 묘가 안치되어 있고 천장과 벽면에는

특별한 장식이 없는 작은 영묘에 해당하지만 다음에 보는 마르빈 성채로 가는 중에 있어 들러볼만한 유적이다.

마르빈 성채는 야즈드에서 많이 볼 수 있는 조로아스터교 유적에 해당한다. 야즈드를 제외한 이스파한에도 조로아스터교 유적이 있다는 것은 뜻밖이어서 일부러 시간을 내어 찾아간다. 바로 아타시가흐(Atashgah) 산에 조로아스터교 불의 신전 터인 마르빈 성채(Marbin Fortress)가 있다. 이 성채는 사산조 시기에 만들어진 것으로 멀리서 보기에는 그저 평범한 돌산으로 보인다. 산꼭대기에 토성처럼 진흙성이 위치하였는데 본격적인 관광지로 개발이 안되어 올라가는 계단도 설치되어 있지 않다. 험악한 암벽을 하나씩 올라가면 산 정상에 다다른다. 이 아타시가흐 산 정상에서 바라보는 이스파한 시내는 멀리 지나가는 큰 산맥과 그 사이사이에 위치한 엄청난 나무숲들 그리고 키작은 건물들이 한

사진 61 마르빈 성채에서 보는 이스파한 시내

눈에 보여 이곳에 잘 왔다는 생각을 하게 한다. 특히 이스파한 시내에 나무가 많이 심어져 있다는 것을 알려면 비로소 이곳에 와야만 알게 된다. 이스파한 시내에 이렇게 나무가 많은 것은 이스파한이 자얀데 강으로 인해 수자원이 풍부하기 때문이다. 하지만 아타시가흐 산에는 나무 한그루 없는 민둥산으로 야즈드에서 본 침묵의 탑과 같은 분위기를 연출한다. 산 정상에는 무너진 건물이 대부분으로 주로 흙벽돌로 이루어졌다. 아타시가흐 산의 가장 높은 곳에는 유적의 핵심시설로 봉화대와 같은 것이 설치되어 있는데 이는 조로아스터교의 불의 신전에 해당한다. 이스파한 시내를 한눈에 조망할 수 있다는 매력과 또 조로아스터교 유적을 함께 볼 수 있다는 장점으로 아타시가흐는 이스파한을 간다면 꼭 찾아가야할 대상이다. 이상에서 본 것처럼 이스파한은 볼거리도 많고 길거리도 인상적인 이란의 대표적인 관광도시에 해당한다. 시라즈의 페르세폴리스와 함께 이란에서 반드시 가보아야 할 명소에 해당한다고 할 수 있다.

4. 조로아스터교의 고향 야즈드

야즈드 구시가지를 탐방하며

야즈드(Yazd)는 야즈드 주의 주도로 이스파한에서 남동쪽으로 280km지점에 있고 인구는 약 50만 명에 이른다. 이란에서 가장 오랜 역사를 가진 도시의 하나로 조로아스터교 문화의 중심을 이룬다. 야즈드에서 조로아스터교의 흔적을 찾아볼 수 있는 대표적인 유적으로는 침묵의 탑과 불의 사원을 들을 수 있다. 이러한 조로아스터교의 유적들은 야즈드를 대표할 뿐만 아니라 이란을 대표하는 종교유적이기도 하다. 야즈드의 기후는 카비르 사막이 인근에 있어 매우 건조하기 때문에 모스크 등 건축학적으로 매우 독특한 표정을 지닌 도시에 해당한다. 13세기와 14세기에 이탈리아가 낳은 세계적인 여행가인 오도릭이 쓴 기행문에는 야즈드에 관해 언급한 기사가 나오는데 곧 야즈드에는 먹을거리가 매우 많다며 특히 무화과가 많이 산출된다고 기술하고 있다. 그러면서 야즈드가 페르시아에서 세 번째로 화려한 도시라고 칭찬하고 있다. 오도릭의 동방기행 노정에 야즈드가 포함될 정도로 당시 야즈드는 페르시아의 문화를 이해하는데 있어서 빠지면 안 될 지역에 해당된다고 할 수 있다.

야즈드 시가지 탐방에는 구시가지가 제격이다. 구시가지는 맨 먼저 야즈드 저메 모스크로 들어가는 길목에 있는 시계탑이 방문자의 눈에 들어오며 시작된다. 시계탑 주변에는 2단 망루 형식의 통풍탑도 바로 옆에 있는데 이 건물을 기준으로 저메 모스크로 향한다. 저메 모스크 입구의 도로 연변에는 페르시아의 전통 민예품을 파는 가게들로 성시를 이룬다. 저메 모스크에서 가장 먼저 나의 시야에 들어온 것은 밧줄 모양으로 중간을 띠처럼 두른 2개의 돌기둥이다. 이 돌기둥은 예전에 말이 정문 안으로 들어오지 못하도록 묶는 장치 곧 우리말로 치면 일종의 하마비에 해당한다고 할 수 있다. 그리고 이 돌기둥 너머에 2개의 미나레트가 하늘을 찌를 듯이 서있다. 이 미나레트는 정문 입구에서 약간 뒤편쪽에 위치하여 있는데 높이가 48미터를 넘고 사파비조 시대에 건립되었다고 한다. 저메 모스크의 정문은 기하학적 문양에 청색 계열의 타일을 붙인 문으로 상단은 아치형과 벌집모양으로 꾸며져 있다. 벌집모양을 아래에서 올려다보니 마치 뚝

사진 62 야즈드 저메 모스크

뚝 떨어질 것 마냥 매달려 있다. 정문에서 밖을 바라보니 아까 본 시계탑이 저 멀리 보인다. 정문 천장에는 가운데를 중심으로 쇠사슬이 양쪽으로 묶여 있다. 이 쇠사슬은 불필요한 사람들의 출입에 대한 통제거나 또는 말 등 동물을 통제하는 일종의 차단 장치로 보인다. 정문을 이루고 있는 벽체의 문양은 그야말로 코발트색이 주종을 이루어 산뜻하면서도 정결한 느낌을 준다. 정문의 재질은 짙은 갈색 나무로 만들어 졌는데 별을 기하학적으로 처리하여 돋을새김을 하였다.

정문을 통해 안으로 들어오자 넓은 뜰을 중심으로 사각형을 이루어 한쪽에는 사원의 중심인 예배소가 있고 또 한쪽에는 노란색 벽돌로 지은 아치형의 단층 회랑이 자리잡고 있다. 예배소는 흙갈색 벽돌로 쌓아 올려 다소 어두운 느낌을 주는데 마치 미로처럼 여러 칸으로 나뉘어 있다. 예배소의 천장은 예의 코발트 타일이 붙은 돔으로 처리되어 있고 그 앞의 출입문은 돔 앞에 거대하게 아치형으로 서 있다. 돔을 이루고 있는 타일에는 대부분 별 모양이 많으나 개중에는 卍자 무늬도 보인다. 卍자는 스와스티카라고 해서 고대 인도에서 태양의 상징으로 여겼고 또 불교에서는 길상의 표현으로, 서양에서는 갈고리 십자가로 역만자(卐)를 사용하였다. 卍자 무늬 돔을 이룬 실내 중앙에는 예의 벌집 모양 아치가 만들어져 있고 거기에 예배를 볼 수 있는 공간이 마련되어 있다. 저메 모스크 내외를 살펴본 다음에는

사진 63 야즈드 저메 모스크 내부

저메 모스크를 중심으로 펼쳐진 야즈드 구시가지 탐방에 나선다.

구시가지는 정말 미로와 같아서 많은 골목길로 이루어져 있다. 골목은 대부분 황토색으로 단장한 가옥들이지만 개중에는 골목길 천장을 아치형으로 처리한 경우도 있다. 집들에는 대문이 나무로 만들어져 있는데 남녀의 출입이 따로인 듯 왼쪽에는 일자형 쇠고리가 있고 또 오른쪽에는 둥근 원형의 쇠고리가 달려 있다. 방문객이 이 골목 저 골목 다니며 야즈드의 옛 향취를 만끽할 수 있는 곳이 바로 야즈드 구시가지이다. 이곳 건물에도 시원한 바람이 드나들도록 설계된 통풍탑이 마치 사방을 감시하는 망루처럼 여기저기 보인다.

골목길을 빠져 나오자 알렉산드로스 감옥이 있는 좀더 넓은 광장에 도착한다. 이 광장 주변에는 카펫이나 벽걸이용 장식품 등 수제품을 파는 가게가 몇 개 있고 또 그 맞은편에는 페르시아 옛 전통을 그대로 간직한 레스토랑 형식의 작은 호텔이 있다. 레스토랑 안은 온통 붉은 조명뿐이어서 야릇한 감정을 주는

사진 64 야즈드 구시가지로 알렉산드로스 감옥이 보인다.

사진 65 알렉산드로스 감옥 외부

데 천장은 부채살 모양의 대형 천막을
쳐놓았다. 나는 이 주변 일대를 조망
하기 위해 실내 계단을 통해 옥상으로
나가 보았다. 주변에는 통풍탑과 알렉
산드로스 감옥을 이루는 돔과 그 앞쪽
의 두 쌍의 미나레트 그리고 저 멀리
지나가는 황토빛 산들이 아련히 보인
다. 알렉산드로스 감옥과 그 옆에 바
로 붙어 있는 다바즈다흐 영묘는 말그

사진 66 알렉산드로스 감옥 내부

대로 이곳 야즈드 구시가지의 중심건물로 크고 웅장하며 단연 돋보인다. 다바즈다흐 영묘는 11세기에 지어진 건물로 내부가 벽돌로 이루어진 돔 건물로 벽체가 일부 떨어지는 등 고색창연한 모습을 보이고 있다. 알렉산드로스 감옥도 외형은 하나의 돔으로 만들어져 있는데 본래 이 건물은 15세기에 건축된 학교로 그 뜰 안에 알렉산드로스와 관련이 있다는 우물이 있어 그런 명칭을 얻게 된다. 하지만 역사상의 기록이 아닌 하페즈의 시에서만 언급되고 있어 그것이 사실인지 아닌지는 알 수 없다. 알렉산드로스 감옥의 돔 내부도 다바즈다흐 영묘처럼 벽체가 일부 떨어지는 등 오래된 건물 모습을 보이고 있다. 안에는 아슈라 기간에 쓰이는 나무로 된 가마가 놓여져 있고 그 이외에 특별한 장식은 없다.

뜰로 나와 보니 철망으로 그 입구를 막은 정말 우물처럼 보이는 원형 구덩이가 있지만 뚜껑을 열어볼 수 없어 더 이상 자세히는 확인할 수 없다. 우물 옆에

사진 67 다바즈다흐 영묘

는 계단을 통해 내려가면 작은 실내 공간이 나오는데 의자 등이 비치된 것을 본다면 휴게실로 쓰이는 것 같다. 후문을 통해 알렉산드로스 감옥 건물을 빠져 나오자 망루처럼 통풍구를 4개 가진 냉장고 시설이 시야에 들어온다. 다시 골목길을 통해 저메 모스크로 돌아온 나는 다음 일정을 위해 자리를 옮겼다.

침묵의 탑과 불의 사원

침묵의 탑(Towers of Silence)은 현지말로 다크메에(Dakhme-ye)라고도 하며 조로아스터교의 조장(鳥葬) 터로 야즈드 시내에서 남서쪽으로 약 15km 떨어진 곳에 위치한다. 각자 떨어진 두 개의 산 정상에 봉화대처럼 생긴 성곽 모양을 이루어 실제 1978년까지 사용되었다고 한다. 멀리서 보면 그저 평범한 산에 불과하지만 양쪽 산의 꼭대기에는 마치 둥그런 산성이 있는 것이 시야에

사진 68 야즈드 침묵의 탑

나타난다. 야즈드가 사막에 위치한 지역이라 이곳도 풀 한포기 없는 메마른 지형을 보여준다. 때문에 침묵의 탑에 들어서며 가장 먼저 느끼는 점은 그저 황량함이다. 멀리 산꼭대기에 보이는 조장 터에 가기 전에 우선 입구에 있는 건물 터부터 들러보자. 입구에 있는 건물 터는 흙과 돌로 지어진 집들이 대부분이지만 아치형으로 된 사원 터도 보인다. 과거 조장 터가 활성화되었을 때에 이곳이 하나의 마을로 형성화되었던 흔적으로 보인다. 곧 마을에서 사용되었을 우물과 부엌 그리고 화장실, 환기통 등 그런 시설이 남아 있다. 건물은 대부분 돌로 쌓아 올려 여기가 그만큼 건조한 지역임을 알려준다. 천장은 뾰족한 아치형을 이루어 기반의 돌 받침과 시각상 균형을 이루게 해준다.

사진 69 오른쪽에 있는 침묵의 탑

야즈드 침묵의 탑에서 사람들은 대부분 오른쪽에 있는 침묵의 탑만을 올라간다. 시간 관계상 두 개다 올라갈 수 없기 때문일 것이다. 하지만 나는 두 곳을 모두 올라가 양쪽을 다 관찰하기로 한다. 먼저 정문에서 볼 때에 왼쪽에 있는 침묵의 탑을 올라가 본다. 왼쪽의 것은 오른쪽의 것보다 산이 좀 더 크고 험해 사람들이 오르

사진 70 멀리 왼쪽과 오른쪽 침묵의 탑이 보인다.

지 않는데 말그대로 올라가기가 쉽지 않다. 암벽 위에 돌로 가지런히 쌓은 조장 터는 하나의 둥그런 성터로 마치 고구려 산성과도 같다. 정상에 다 올라오니 노란색으로 물든 야즈드 시내의 건물 풍경은 장관이었고 멀리 조장 터를 뒤로 하여 지나가는 산맥은 풀기없는 누런 황토빛 그대로 이어지고 있다. 하지만 오른쪽 침묵의 탑이 드디어 바람처럼 나의 눈앞에 나타났다. 완만한 산등성이를 타고 산정으로 사람들이 올라가는 모습이 보이고 그 위로 침묵의 탑이 산성처럼 둥그렇게 앉았다. 주변은 온통 풀 한포기 없는 황량함 그 자체이다. 야즈드에 이렇게 두 군데나 쌍으로 조장 터를 마련한 것은 그리고 지금까지 남아 있는 것은 이곳이 조로아스터교의 영향이 아직도 강하게 남아 있기 때문이라 생각된다.

이제 침묵의 탑 안으로 들어가 보자. 입구는 돌계단으로 마련되어 있는데 안으로 들어오자 가운데는 움푹 파이고 테두리는 약간 높은 상태로 울타리가 만들어진 모양이다. 여기가 바로 조로아스터교의 조장 터이다. 조장은 고대 페르시아에서만 있는 것이 아니라 티베트는 지금도 일부 시행되고 있는 장례법에

해당한다. 내부를 한 바퀴 돈 다음 나는 산을 내려와 오른쪽 침묵의 탑으로 올라가며 그 외곽 산정에 있는 건물 흔적을 찾아 가보기로 하였다. 그곳은 돌로 여러 칸의 방을 만들고 또 아치형 문이 있는 등 거주공간 또는 종교공간으로 보여지는데 이렇게 험난한 산꼭대기에 만든 것은 아무래도 종교적 신앙과 관련이 있는 것으로 보인다. 더구나 여기서 보니 왼쪽과 오른쪽 침묵의 탑이 모두 한 눈에 보이는 등 그런 점에서도 더욱 그렇다. 산정의 조로아스터교 거주공간으로 여겨지는 건물 터를 뒤로 하고 나는 오른쪽 침묵의 탑으로 걸어 올라갔다. 오른쪽의 침묵의 탑은 왼쪽의 그것보다 폭과 길이가 더 크고 모양도 보기 좋다. 오른쪽 침묵의 탑에서 왼쪽을 보니 마치 두 개의 침묵의 탑은 산 위의 봉수대 같은 느낌을 받는다. 이 산에서 저 산으로 연기를 전하는 봉수대 말이다. 오른쪽 침묵의 탑에서 내려다 본 입구의 건물 터는 마침 아치형 지붕에 석양이 기울고 있다.

오른쪽 침묵의 탑은 왼쪽의 그것과 달리 입구에 문이 달려 있는데 안으로 들어가니 구조는 대동소이하다. 다만 한가운데의 구덩이가 조금 작아 남녀를 구별하여 사용하는 등 용도 면에서 그 차이가 조금 있을 것 같다. 구덩이에 조금 더 다가보니 돌멩이만 많이 보일뿐 별다른 흔적은 찾을 수 없다. 이렇게 오른쪽 침묵의 탑을 다보고 내려오니 왼쪽 침묵의 탑 꼭대기에 일련의 사람들이 앉아서 나를 바라보는 듯하다. 반대 방향으로 눈을 돌려보니 어느덧 붉은 해가 막 서산을 넘어 가고 있다.

다음 날 불의 사원으로 일정을 시작하여 본다. 불의 사원(Atashkadah)은 야즈드에 있는 조로아스터교 사원으로 1934년에 건립되었다. 조로아스터교는 기원전 15세기에서 기원전 6세기 사이에 고대 페르시아에서 태어난 조로아스터 또는 자라투스트라라고 하는 선지자에 의해 창시되었으며 세계에서 가장 오래된 고등종교에 해당한다. 조로아스터교의 종교관은 선과 악의 대립이라는 이원론적 세계관이 중심을 이룬다.

조로아스터교 종교시설인 불의 사원에 들어가자 맨 먼저 보이는 것은 중앙에 자리 잡은 분수대와 그 너머의 노란색 건물이다. 원형 분수대는 사각형 불의 사원 건물과 대칭되며 그 안에 거울처럼 사원 건물이 비추고 있다. 조로아스터교에 있어 불은 물과 함께 종교의 순수성 역할을 한다. 하지만 여기서 분수대 형태는 무언가 불의 사원에 어울리지는 않지만 이란의 옛 건물에 늘 보는 것으로 오히

사진 71 야즈드 불의 사원

려 시원한 감을 준다. 이 불의 사원 건물이 비교적 최근인 1934년에 건립되었다는 사실을 감안하면 불의 사원 구조가 이슬람식이라 판단해도 좋을 듯하다. 불의 사원 중심인 노란색 건물은 직사각형 형태로 안에는 돌로 기둥을 세우고 기둥 상단은 아치 형태로 마무리하였다. 건물 중앙의 위에는 왼쪽을 바라보는 청색의 아후라 마즈다 상이 돋을새김되어 있고 그것의 양옆에는 페르세폴리스에서 보는 것같은 연꽃무늬 장식이 나열되어 있다. 검은색 차도르를 입은 일련의 이란 여성들과 입구에서 마주친다. 오늘날 불의 사원은 종교와 국적에 상관없이 방문할 수 있는 조로아스터교의 사원이다. 불의 사원 중심건물에 들어가려 하자 마침 하늘 위로 검은 먹구름이 깔려와 노란색 건물을 더욱 밝게 비추어준다. 노란색은 이런 의미에서 여러모로 조로아스터교 신전과 어울리는 색이라 생각된다.

실내로 들어가자 조로아스터를 그린 액자가 나오지만 그 속의 인물 모습은 인도풍으로 성스럽다기보다는 다소 희화적이다. 기대를 잔뜩 품고 사원 안으로 들어가자 마침 불을 모신 향로가 보인다. 이것이 바로 조로아스터교의 상징으로 사산조 시대인 470년부터 지금까지 1500년 이상 꺼지지 않고 내려오고 있다는 신성한 불이다. 이 불은 페르시아의 다른 곳인 나히드에 파르스(Nahid-e Pars)라는 사원에서 이곳에 옮겨왔다고 한다. 불타는 모양은 그리 크지 않지만 조로아스터교가 신성시하는 불이라 그런지 많은 사람들이 경배하며 또 사진담기에 집중한다. 이렇게 불의 사원 내부를 돌아보고 나는 이 사원 옆에 있는 작은 전시실로 발길을 옮겼다. 전시실 외벽에는 페르세폴리스에서 보는 사이프러스와 비슷한 나무 문양이 새겨져 있고 또 실내에는 조로아스터의 사진과 조로아스터교 종교활동에 대해 잘 알 수 있는 내용물이 전시되고 있다. 오늘날 이란 전체를 돌아보더라도 조로아스터교에 대해 잘 알 수 있는 곳은 야즈드 특히 이곳 불의 사원이 유명하다고 할 수 있다. 고대 페르시아 역사에 있어 국가종교로 성장하다 이후 이슬람교가 들어온 후에 그 자리를 내주지만 조로아스터교는 아직도 이란인의 가슴 속 한곳에 깊이 자리 잡고 있음을 알게 해준다.

카라나크와 착착

카라나크(Kharanaq)는 야즈드에서 북으로 70km 지점에 있고 생긴 지가 천년이 넘는 진흙 건물로 구성된 마을이다. 카라나크 마을 입구에는 2층 또는 3층의 흙벽돌로 지은 직사각형 건물로 옥상에는 예의 통풍탑이 두 개나 보이는 등

사진 72 카라나크 전경

사진 73 카라나크 마을

적지 않은 규모를 보이고 있다. 카라나크의 주변 멀리에는 진한 갈색을 한 높은 산들이 겹겹이 지나가며 또한 석류를 심은 과수원이나 잎사귀가 작은 사막형 나무들이 많이 보인다. 마을 자락에서 멀리 지나가는 산과 카라나크 사이에는 작은 강이 흐르고 있어 주변의 밭과 과수원에 물을 공급하는 역할을 하는 듯하다.

마을 입구를 통해 안으로 들어가자 야즈드 구시가지처럼 골목길은 미로처럼 얽히고 섥켜 있다. 이곳에 있는 집들은 모두 진흙을 발라 만든 건물이 대부분으로 지금은 반쯤 무너지거나 허물어진 채로 있는 것이 많다. 또 건물을 받치고 있는 구조는 대개 아치형을 이루고 있어 사원으로 쓰인 건물로 보인다. 옥상에 최근 보수한 것처럼 단정한 형태의 미나레트가 눈에 들어온다. 미나레트 주변은 온통 무너진 흙벽이나 담으로 때로는 아치형 천장 구조를 보이는 건물 잔해도 눈에 띈다. 무너진 건물의 형태를 놓고 본다면 모스크나 미나레트 또는 목욕탕, 카라반 사라이로 쓰였을 건물 구조가 보이기도 한다. 건물이 꺾이는 모서리에는 창호가 있는 망루를 설치하여 침입자를 경계하는 기능을 가진 구조물도 있다. 망루는 마치 거대한 항아리 모양으로 벽체에 바짝 붙어 있다. 카라나크의 건물이 대부분 무너졌어도 그나마 형태를 확인할 수 있을 정도인 것은 이곳이 사막지형으로 건조한 탓이라 여겨진다. 카라나크는 그리 크지 않은 면적에서 모스크와 미나레트 그리고 카라반 사라이 등 페르시아 옛 마을의 정취를 한눈에 확인할 수 있다는 장점이 있다. 이러한 면에서 카라나크는 비록 무너진 건물이 많고 또 제대로 된 것도 별로 없으나 진흙 집과 담을 온전히 한자리에서 한가롭게 살필 수 있다는데서 그 매력을 느낄 수 있다.

카라나크 일정을 마친 필자는 착착으로 발길을 옮긴다. 야즈드에서 북서쪽으로 72km 이상 떨어진 곳에 착착(ChakChak)이라고 하는 조로아스터교 동굴사원이 있다. 험준한 산악 지형 속에 둘러싸여 있는 착착은 조로아스터교 신자들이 이슬람 세력의 박해를 피해 숨어들어온 은신처이다. 착착으로 가는 길은 누런 암벽들로 이루어진 높은 산들로 둘러싸인 황량한 지역이다. 길 양옆으로 난 평지는 온통 사막으로 키작은 나무들만 무성히 자라 있다. 차가 얼마쯤 지나가니 산 중턱에 녹색의 나무들로 둘러싸인 집 몇채가 보인다. 착착으로 올라가는 길은 예상보다 가파르다. 길은 속리산 말티고개 마냥 고불고불하고 최근에 포장한 듯 아스팔트 냄새가 진동한다. 한참 산길을 걸어 올라가니 착착에 이르는 계단이 나오고 건물 전체 윤곽이 드러난다. 착착을 외형상 보는 느낌은 산골의 허름한 요사채처럼 보였다. 주변 일대가 누런 황토색 암벽산들 뿐인 곳에 나무들이 많이 있고 또 건물도 몇채있어 이곳이 착착인줄 알지 눈앞에 내려다본 풍경은 너무나 삭막한 지역이다.

착착은 사산조 시기 마지막 왕의 딸인 니크바노우가 이슬람 세력에 쫓겨 이곳에 숨어들어 왔다는 전설이 서린 곳이다. 마지막 왕의 딸이 암벽산 앞에 이르러 아후라 마즈다에게 청원하자 암벽산이 두 개로 나뉘면서 은신처가 만들어졌다는 이야기이다. 실제 착착에 올라서니 높은 암벽산이 두 개로 갈라지며 착착의 입구가 만들어진 것이 보인다. 이상과 같은 전설이 실제인지 아닌지 확인할 수 없으나 현지 지형을 관찰하면 착착은 대단한 요해지임에는 틀림이 없다. 고대 페르시아가 이슬람 세력에게 패망하여 숨길곳을 잃은 조로아스터교들에게는 더할 나위없는 은신처라고 할 수 있다. 조선시대 유교 위정자의 탄압에 못견디어 유수의 불승들이 깊은 산중에 들어간 것과 같다. 예나지금이나 종교탄압은 그 나라의 슬픈 역사를 만들어 낸다. 착착이 자리잡은 이곳 산골에 이렇게 많

사진 74 착착 외부 전경

은 녹색의 나무들이 자라나는 것은 이
곳이 주변에서 유일하게 물을 얻을 수
있다는 증거이다. 때문에 나무가 자란
다면 인간이 거주할 수 있는 최소한의
여건은 갖춘 셈이 된다. 착착에 있는
집들은 여러 동으로 나뉘어져 있으나
가장 중요한 건물은 안쪽에 가야 볼 수
있다. 여러 채의 건물을 통과하여 드디
어 마지막 건물의 실내에 들어서자 안

사진 75 착착 내부

은 동굴처럼 검은색 암벽에 둘러싸여 있다. 그 벽면 한쪽에 아치형으로 깎아낸
다음 스텐으로 불을 모신 제단과 또 그 앞에도 불을 피워 놓는 스텐으로 된 제
단이 보인다. 이러한 기물들은 모두 옛것이 아닌 최근의 것이겠으나 모양은 조
로아스터교의 고유 양식을 따랐을 것이다. 동굴 한쪽에는 역시 스텐으로 된 물
그릇이 두 개가 놓여져 있어 동굴 천장에서 떨어지는 물방울을 담는 듯했다.

　이곳의 명칭이 착착인 것은 동굴의 습기가 바닥으로 떨어지는 물방울 소리
를 나타내는 말이라 한다. 또는 사산조의 마지막 공주가 조국을 잃은 슬픔을
눈물로 표현한다는 전설도 전해 온다. 고대 페르시아 역사에 있어 사산조를 끝
으로 조로아스터교는 더 이상 국교로서 발길을 내딛을 수가 없었다. 아랍에서
온 침략세력이 이슬람교를 가져와 페르시아에 퍼졌기 때문이다. 이렇게 해서
고대 페르시아에 있어 유수의 종교인 조로아스터교는 핍박을 당하여 대부분
이웃 인도로 떠나거나 아니면 이처럼 산골에서나마 그 명맥을 간신히 유지하

게 된다. 야즈드와 야즈드 주변에는 침묵의 탑이나 불의 사원 그리고 착착 등 조로아스터교와 관련된 유적이 다른 도시에 비해 많이 있음을 발견하게 된다. 때문에 야즈드가 이란의 조로아스터교 성지라고 불리게 된다.

메이보드

메이보드(Meybod)는 야즈드에서 서북쪽으로 약 52km 지점에 있고 야즈드 주의 주요한 사막도시의 하나에 속한다. 메이보드의 얼굴은 단연 나린 성 (Narin Qaleh)이라 할 수 있다. 나린 성은 아케메네스조 시기까지 거슬러 올라가며 이후 사산조 시대와 이슬람 시기에도 계속 증축된 역사를 가지고 있다. 성은 운동장처럼 넓은 평지 위에 일직선으로 길게 놓여져 있는데 진흙 벽돌

사진 76 메이보드 나린 성

사진 77 메이보드 나린 성의 망루

로 쌓은 성에 해당한다. 들어가면서 오른쪽에는 동그란 원형 기둥이 보이는데 이는 망루로 사방을 감시하는 역할을 한다. 망루의 외벽에는 각종 마름모꼴 또는 갈고리 모양 등 기하학적 무늬로 벽돌을 올려 쌓아 보는 이에게 단조로움을 피하게 해준다. 망루 주변 밖은 역시 흙으로 지어진 성채의 외벽이 길게 늘어서 있는 모습을 볼 수 있어 이곳이 예전에는 성을 중심으로 하나의 도시가 형성되었던 흔적을 느끼게 한다. 특히 나린 성과 외부 벽체와의 사이에는 공간을 두어 일종의 방어 시설인 해자를 설치하였다.

성의 입구도 벽돌로 빈틈없이 쌓아올려 역시 단단해 보인다. 문을 통과하자 제2의 문이 아치형의 천장 형태로 방문객을 맞이한다. 제2의 문을 통해 안으로 들어가자 흙으로 지어진 성의 외벽이 길게 놓여져 있고 안으로 탐방로가 개설되어 있어 방문객을 편하게 만든다. 이 지점에서 바라본 외부 풍경은 이곳이 사막의 도시라는 것을 금방 느끼게 할 만큼 흙으로 지어진 집들뿐이다. 위에서 내려다보니 돔 형태의 천장은 물론 아치형으로 이루어진 건물 그리고 통풍탑이 설치된 건물 등 더위를 피하려는 이곳 사람들의 집 형태를 한눈에 파악할 수 있다. 성 안의 시설물 중에 눈에 띄는 것은 방향이 꺾일 때마다 망루가 설치된 점이다. 망루에 올라 사방을 감시하며 혹시 모를 침입자를 경계하는 그런 시스템이다. 성은 외성 안에 내성을 둔 2중 구조로 내성의 외벽은 크라운 왕관처럼 흙돌기가 하늘로 뻗어 있는데 이는 고구려 산성에서 보는 일종의 성가퀴라고 할 수 있다. 이 모든 것이 침입자를 막는데 필요한 방어시설의 하나

사진 78 나린 성에서 보는 메이보드 시내

이다. 내성은 계단을 통해 위로 올라 갈 수 있는데 내성 천장은 특별한 장식이 없는 상태이다. 다만 내성 지붕에서 바라보는 메이보드 시내는 그야말로 진흙 도시마냥 온통 누런 황토빛 집들로 가득하여 장관을 이룬다. 이 중 저 멀리 서남쪽 방향에 보이는 고깔 모자형태의 냉동시설 건물이 내 눈에 띈다. 워낙 외양이 독특하여 메이보드를 가는 사람이라면 금방 눈치를 챌 것이다. 이곳 내성 천장에서 바라본 결과 메이보드에는 커다란 모스크가 별로 눈에 띄지 않는다는 점이다. 이곳의 기후가 사막 기후라 큰 건물의 모스크를 세우기가 힘들었기 때문인 것으로 생각된다. 이렇게 나린 성의 안팎을 관찰한 후에 나는 이 성의 주변에 있는 진흙 건축물들을 보러 발길을 옮겼다.

나린 성에서 가장 눈에 띈 냉동창고를 우선 가본다. 가까이에서 보니 건물은 말그대로 원추형으로 되어 있고 또 측면에 계단이 작게 나있어 꼭대기까지 올라갈 수 있는 구조를 가지고 있다. 이 건물 주변에도 진흙 담과 건물로 이루어진 다양한 골목길을 걸어 볼 수 있다. 흙으로 만든 건물은 천장이 무너지거나 담장이 허물어진 것도 많으나 골목 중간 중간에 아치형태의 천장을 이룬 터널도 보인다. 골목길 안은 사람 한명 찾을 수 없을 정도로 고요하다. 아마 더위 때문에 한낮에는 움직이지 않는 것 같다.

또 다른 냉동창고 건물 주변에는 사파비조 시절에 지어진 카라반 사라이도 있다. 실내로 들어가니 안에는 아치형 천장

사진 79 메이보드 시내의 냉동시설

에 흙벽돌의 벽으로 칸이 구분되어 있다. 정중앙의 넓은 뜰에는 벽돌로 된 천장과 함께 안에는 8각으로 된 우물이 설치되어 있어 대상들의 휴식처가 되기에 충분한 모습을 보여준다. 아울러 카라반 사라이 옆에는 말 모형 등 민속품을 전시하는 작은 우체국 박물관이 마련되어 있어 이곳의 예전 우체국 문화를 이해하는데 도움을 준다. 이상의 여러 모습을 볼 때에 메이보드는 나린 성을 중심으로 도시전체가 다양한 건물로 이루어진 진흙성이라 할 만하며 아울러 건조한 사막 기후에 사람들이 어떤 건물에 살아가는지 살필 수 있는 좋은 기회를 준다.

5. 아케메네스조 유적으로 가득한 시라즈

시라즈 시내에 산재하여 있는 문화유산을 탐방하며

　시라즈(Shiraz)는 자그로스 산맥 남쪽에 형성된 이란의 도시 중에 가장 큰

도시로 파르스(Fars) 주의 주도이며 약 140만 명이 넘는 인구를 가져 이란의

사진 80 시라즈의 엘람 가든

6대 도시에 해당한다. 또한 시라즈는 13세기와 14세기에 사디와 하페즈같은 시인이 이곳에 등장하여 학문과 문화의 중심지로 번영한다. 시라즈는 1750년부터 1794년 사이 잔드조의 수도로 발전하여 바자르와 모스크 그리고 사디와 하페즈의 묘 등이 이 시기에 건축된다. 시라즈는 잔드조에 이은 카자르조에서도 잠시 수도역할을 했으나 1796년 테헤란으로 수도를 옮겨 이후 이란 역사의 심장부로 테헤란이 등장한다. 시라즈 시내에는 유명한 모스크와 정원이 많고 또 무엇보다도 차로 1시간 거리인 동북쪽에 페르세폴리스가 있어 관광의 거점 도시로 성장을 거듭하고 있다.

시라즈 시내에 있는 문화유산 탐방의 첫걸음으로 필자는 우선 엘람 가든을 찾았다. 엘람 가든(Eram Botanical Garden)은 현재 이란내의 페르시아식 정원의 하나로 유네스코 세계 문화유산으로 지정되어 있다. 엘람 가든은 본래 셀주크 시기에 건축된 것으로 약 900년의 역사를 가지고 있다. 시라즈에서 태어난 하페즈도 이 엘람 가든의 아름다움에 대해 시를 쓴바 있고 잔드조 시절에는 지방 정부관리가 이곳에 거주하기도 했다. 현재 남아 있는 건물은 카자르조 시기에 건축된 것이 대부분을 이룬다. 엘람 가든은 현재 시라즈 대학의 소유로 그들의 관리를 받는다. 엘람 가든을 직접 방문하면 식물원같은 느낌을 받는다. 엘람 가든은 그 입구에서부터 빨간 색이 만발한 철쭉을 비롯하여 하늘로 키가 쭉쭉뻗은 사이프러스 나무가 방문객을 반긴다. 엘람 가든의 중심 건물은 2층 건물로 1층에는 출입문이 있고 2층에는 1층보다 큰 형태로 중앙에 기둥 두 개가 서 있다. 건물의 외장은 타일로 마감하였는데 모스크 건축에서 늘보는 듯한 그림들로 장식되어 있고 지붕에 돌출된 아치형 구조와 함께 독특함을 느끼게 한다. 건물 좌우에 건물 크기와 비슷한 야자나무가 배치되어 있고 또 그 앞에는 분수대가 있음으로 이곳이 상하(常夏)의 도시임을 금방 알게 한다. 엘람 가든은 다양한 식물과 건물들로 꾸며져 있어 시라즈 시민들의 휴식처로 각광받고 있다.

다음으로 카림 칸 성에 가본다. 카림 칸 성(Arg-e Karim Khan)은 시라즈 시내에서 가장 눈에 띄는 유적으로 잔드조(1750~1794년)의 창시자인 카림 칸에 의해 건설되었다. 카림 칸은 이제까지 분열되어 있던 페르시아를 재통일하여 경제 등 이란의 국가발전을 위해 힘을 쏟은 왕으로 알려지고 있다. 잔드조의 수도인 시라즈에 오늘날 남아 있는 건축물은 대부분 이 시기에 지어진 것이 주종을 이룬다. 카림 칸 성은 잔드조의 수도답게 높고 견고하게 지어진 성채로 사방을

사진 81 시라즈의 카림 칸 성 전경

잘 감시할 수 있는 망루가 네 곳에 설치되어 있다. 이 망루를 통해 침입해 오는 적들을 감시하고 또 공격할 수 있는 유리한 조건을 만든다. 성벽은 벽돌로 촘촘히 쌓아 올려 매우 견고하게 보인다. 성벽 한쪽 면에 나아 있는 출입구는 그 상단에 사각형으로 테두리를 만들어 그림이 그려진 타일을 붙였다. 그림은 한 장수가 뿔이 달린 괴수를 칼로 찌르는 장면으로 다소 희화적으로 그려져 있다. 성안에는 수로가 분수대 식으로 길게 배치되어 있고 그 안에 노란색 벽돌로 축조된 중심건물을 사각 형태로 구성하였다. 건물에는 특별한 장식이 없고 다만 나무로 된 아치형 창호나 기둥이 상당히 많은 형태를 이룬다. 건물 내부 실내에는 예의 모스크처럼 벌집 모양의 아치형 천장 구조가 화려한 문양과 함께 채색을 입히어 특징을 이룬다. 또한 실내에는 청색, 황색, 적색 등 격자 또는 원형의 화려한 문양을 이룬 스테인드글라스 창호가 햇살에 비추어 더욱 화려하게 보인다.

이어 발길을 나시르 알 몰크 모스크와 바킬 바자르로 돌렸다. 나시르 알 몰크 모스크(Nasir al Molk Mosque)는 비교적 최근인 19세기 말에 완공된 모스크로 카자르조의 4번째 왕인 나스르 알 딘 샤의 재정적 후원 하에 건축되었다. 나스르 알 딘 샤는 이란의 근대화를 추진하고 서구 열강 세력에 맞서 국력을 강화하려고 했던 왕이다. 이 모스크는 정문 출입구부터 특색을 이룬다. 우선 정문의 앞쪽과 뒤쪽은 각종 꽃무늬 장식으로 가득한 벌집 모양의 아치형 천장이 눈에 띈다. 이란의 다른 모스크에서 보는 것보다 더욱더 화려함의 극치를 보여준다. 이 문을 통해 안으로 들어오면 다른 모스크에서 보는 것처럼 사각형 건물 안에 분수대가 중앙에 차지하는 구조를 이루고 있다. 정문에 들어오면 맞은편에 역시 정문출입구 마냥 예의 벌집 모양 천장이 아치의 상단부를 장식하

사진 82 시라즈 나시르 알 몰크 모스크

사진 83 나시르 알 몰크 모스크 내부

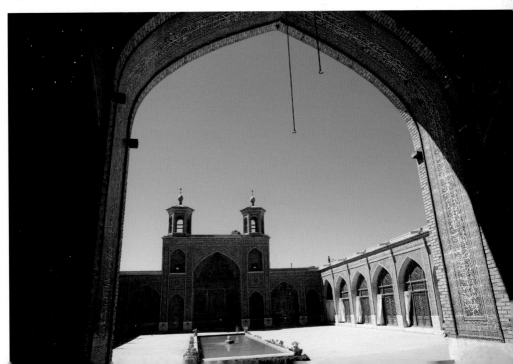

사진 84 카펫으로 유명한 시라즈 바킬 바자르

고 있다. 또한 모스크 상단에는 두 개의 망루를 설치하여 산뜻한 느낌을 준다. 비교적 최근인 19세기 말에 완성된 모스크인지 문양과 장식이 모두 꼼꼼하고 빈틈이 없어 보인다. 중앙에 직사각형으로 놓여진 분수대는 모스크 외곽의 사각형 구조와 격자구조를 이루어 단조로움을 피한 느낌이다. 건물 벽체에는 파스텔 풍의 색깔을 입힌 타일로 가득하여 우아하면서도 화려한 감을 준다. 시라즈에 가면 엘람 가든과 나란제스탄 그리고 이곳 나시르 알 몰크 모스크는 꼭 보아야할 페르시아의 유산이라 생각한다. 바킬 바자르는 11세기 부예조 시절에 처음 만들기 시작하여 18세기 잔드조 시절에 번성하게 된다. 바자르 안에는 카라반 사라이와 목욕탕, 판매 상점 등의 시설이 있으며 다른 바자르와 마찬가지로 주변에 많은 모스크 등이 위치한다. 특히 카펫을 취급하는 점포가 200개를 넘는 등 다른 도시의 바자르와는 분명 색다른 분위기를 느낄 수 있다.

다음으로 나란제스탄 박물관에 가본다. 나란제스탄 박물관(Naranjestan museum) 또는 가밤 가든(Qhavam Garden)이라 불리는 유적은 카자르조 시기인 1879년부터 1886년에 걸쳐 미르자 이브라힘 칸에 의해 지어진 건물이다. 건물은 두 부분으로 나누어지는데 밖은 나란제스탄 박물관 부분이고 안은 지나트 올 몰크 하우스 부분으로 두 구역은 터널로 연결되어 있다. 이 건물은 처음에 행

사진 85 시라즈의 나란제스탄 박물관

정부나 군대의 관리들이 회합을 위한 장소로 지어졌다. 나란제스탄은 광귤나무
가 풍부하여 그런 이름이 붙었는데 시라즈의 다른 가든인 엘람 가든과도 비교되
며 카자르조의 대표적인 건물에 해당한다. 오늘날 이곳은 박물관으로 개조되어
대중에게 개방되고 있다. 건물 입구에는 좌우로 창을 든 카자르 시기의 경비병이
돋을새김으로 부조된 모습을 볼 수 있다. 곧 내부로 들어가면 빨강색과 노란색
등이 주조를 이룬 인물화가 타일로 멋지게 장식된 벽체가 나온다. 이어 정면에
분수대가 길게 이어지고 있음을 보게 된다. 건물은 가운데 분수대를 두고 사각형
으로 밀폐된 형식으로 앉아 있다. 정면에 분수대를 뒤로한 건물이 중심건물이 된
다. 중심건물은 돌로 기단부분을 처리하였는데 사자나 말 또는 페르세폴리스에
서 보는 아케메네스조의 관리 등을 돋을새김하였다. 중앙에 거울방이 있고 좌우
에 나무로 장식된 아치형 창호방이 있다. 실내로 들어가면 정원에 심은 야자수가

사진 86 나란제스탄 박물관에서 정원을 본다.

한 눈에 보이고 천장에는 하얀색으로 다양한 무늬를 장식한 것이 보인다.

중심건물 내부의 또 다른 방에 들어가면 나무틀로 짜인 스테인드글라스를 통해 들어오는 햇살이 빨강, 파랑, 녹색으로 다양하게 표현되어 들어온다. 나무틀 창호에 쓰인 나무는 모두 호두나무로 만들어졌다. 여러 방 중에 건물의 중심은 당연 거울방이다. 이곳은 모자이크 거울로 장식된 방으로 특별한 의식이 있을 때에 이곳에서 진행된다. 나무 창호와 반짝이는 거울 그리고 햇빛의 반사로 거울방은 보는 이에게 매우 화려함을 느끼게 해준다. 거울방에서 왼쪽으로 가면 작은 박물관이 마련되어 있는데 이곳에 고대부터 근대까지 페르시아의 각종 기물 특히 그릇이 많이 진열되어 있다. 또한 출구쪽 지하에도 민속의상을 입은 인형이 주로 전시된 작은 박물관도 함께 있다. 나란제스탄 박물관 주변에는 파르스 주 역사박물관과 동전박물관 그리고 직물박물관 등 작은 박물관이 함께 있어 시라즈의 역사를 이해하는데 많은 도움을 준다. 아무튼 이곳은 시라즈에서 엘람 가든과 함께 꼭 보아야할 시라즈의 대표적인 건축물에 해당한다.

다음 시라즈 시내에 있는 또 하나의 명소인 하페즈 무덤에 발길을 돌린다. 하페즈 무덤(Mausoleum of Hafez)은 이란의 5대 시인의 한 사람인 하페즈의 영묘이다. 하페즈는 1325년에 나서 1389년에 죽은 시라즈 태생의 시인으로 사디와 함께 시라즈를 대표하는 신비주의 계열 서정시인이다. 그의 영묘는 18세기 말 카림 칸에 의해 그의 시를 새긴 대리석이 설치되었고 또 20세기 초에는 8각 정자를 세운다. 하페즈 영묘에 들어서면 우선 중앙에 보라색 나팔꽃을 심은 화단이 길게 뻗고 그 다음에 노란색의 일자형 단층건물이 보인다. 그 건물 뒤에 8각 정자가 위치하고 있다. 8각 정자는 페르시아의 전통 모스크에서 보는 기둥 양식을 그대로 본 따 세웠다. 또 대리석으로 된 그의 영묘가 설치되어 있어 많은 사람들이 손으로 만지거나 꽃다발을 헌화하기도 한다. 영묘 주위에는 키높은 사이프러스 나무가 묘를 에워싸 무덤을 보호하는 것같은 기분이 든다. 영묘 뒤에는 매점 등 편의시설도 있어 마치 공원처럼 안락한 분위기로 많은 사람들이 이곳을 찾는다.

사진 87 시라즈의 하페즈 무덤

하페즈 무덤 관람을 마친 나는 이곳에서 멀지 않은 거리에 있는 코란 게이트로 간다. 코란 게이트는 시라즈 북동쪽에 있는 시라즈의 관문으로 이 옆에 있는 길을 통해 이스파한으로 갈 수 있다. 코란 게이트는 이란에 시아파가 정착할 수 있도록 관문을 연 부예조(932

사진 88 시라즈의 코란 게이트

~1062년)의 치세에 처음으로 건설되었다. 잔드조 시절에 코란 게이트의 손상이 심해 복구가 이루어지는 과정에서 코란 게이트의 상단에 작은 방이 설치되기도 하였는데, 이 방에 코란을 보존하여 이후 이 문을 코란 게이트라고 불리웠다. 카자르조 시기에 지진 피해를 입자 문루에 보존된 코란은 시라즈 박물관으로 옮겨가게 된다. 이 문을 통과하는 여행자들은 신의 가호를 받는다는 믿음이 있어 많은 관광객이 이곳을 찾는다. 코란 게이트는 현재 문 주변에 인공 폭포도 조성하는 등 공원화하여 많은 시라즈 시민이 찾는 곳이 되었다.

낙세 라자브와 낙세 로스탐

이제 시라즈 시내 탐방을 모두 마친 필자는 시라즈 외곽에 있는 유적으로 발길을 옮긴다. 시라즈 외곽에 있는 대표적 유적인 페르세폴리스에 앞서 낙세

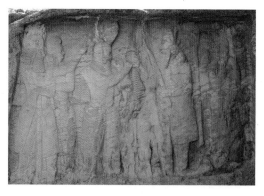

사진 89 낙세 라자브의 아르다시르 왕 서임 부조도

라자브와 낙세 로스탐을 보기로 한다. 낙세 라자브(Naqsh-e Rajab)는 페르세폴리스에서 북으로 12km 지점에 있고 낙세 로스탐과도 가까운 거리에 있다. 낙세 라자브는 사산조 시기의 부조가 주를 이룬다. 낙세 라자브에서 제일 먼저 볼 수 있는 것은 정면에 위치한

아르다시르(Ardashir) 왕의 서임(敍任) 부조도이다. 아르다시르 왕의 서임 부조
도 바로 옆에 또하나의 부조가 눈에 띄는데 그것은 한 사람이 손을 들고 아르
다시르의 왕을 바라보고 있는 장면이다. 이 부조는 카르티르(kartir)로서 조로
아스터교의 마기로 사제에 해당한다고 할 수 있다.

다음으로 아르다시르 왕의 서임 부조
도를 살펴보자. 부조 중앙에 아후라 마
즈다가 왕권의 상징인 리본이 달린 고리
를 왕에게 건내고 있는 장면이다. 왼쪽
끝에는 칼을 잡은 두 명의 남자가 서있
는데 이중 한 사람은 왕자인 샤푸르 1세
로 보여 진다. 왕과 아후라 마즈다 사이
에는 두 명의 어린이가 서로 마주보고

사진 90 낙세 라자브의 샤푸르 1세 기마 서임도

서있는데 오른쪽의 몽둥이를 한 손에 들은 아이는 헤라클레스이며 또 왼쪽은
바흐람 1세로 보여 진다. 부조 오른쪽 끝에는 두 명의 여성이 벽 쪽을 향해 서
있는데 끝에 있는 여성은 파르티아 풍의 모자를 쓰고 머리는 따서 길게 늘어
뜨리고 있다. 이런 머리 모양은 사산조 고위 관리 부인들의 전형적인 머리 스
타일에 해당하는 것으로『구당서』서융전 파사(波斯)조에 그 나라 여성이 머
리를 땋아 길게 늘어뜨린다는 내용과 일치한다. 그 옆의 다른 한 여성은 독수
리 머리 장식을 한 조두관을 쓰고 있는데, 이 여성은 아나히타 신전의 여사제
로 추정될 수 있다. 다만 두 여성이 왕과 아후라 마즈다를 바라보고 있는 것이
아니라 그 반대 방향을 바라보고 있는 것이 매우 흥미롭다.

다음에는 오른쪽 구석의 바위 면에 샤푸르 1세 기마 서임도가 부조되어 있음을 알 수 있다. 부조 왼쪽의 아후라 마즈다 조각은 전체적으로 굴곡진 면이 두드러지지만 오른쪽의 샤푸르 1세의 부조는 얼굴과 상반신의 훼손이 심하다. 다만 말을 타고 있는 모습이 다른 조각보다도 고부조로 되어 있어 힘찬 느낌을 준다. 이에 비해 정면에서 왼쪽에 있는 샤푸르 1세의 기마행렬 부조는 왕의 얼굴 부분을 제외하고는 보존상태가 양호하다. 말과 인물의 근육이 힘차게 표현되고 왕의 뒤에 서 있는 많은 사람들의 의복 주름과 칼을 잡은 표현 등에서도 세심하게 처리되어 있다. 보통 사산조 왕의 부조에서 장검은 왼쪽 허리에 차고 단검은 오른 쪽 허리에 차는 것이 관례인데 이 샤푸르 1세의 기마행렬 부조에서도 말을 탄 샤푸르 1세의 오른 쪽 허벅지 위에 단검을 찬 장면이 보인다. 또 샤푸르 1세가 탄 말의 갈기가 일정하게 깎여 있는 것을 발견하게 되는

사진 91 낙세 라자브의 샤푸르 1세 기마행렬 부조도

데 이중에 삼각 형태로 장식된 갈기가 보인다. 이는 사산조 만이 아니고 중국 당나라 시기 말의 갈기에서도 보이는 것으로 굳이 명칭을 부여하자면 이런 장식을 한 말을 일화마(一花馬)라고 할 수 있다. 이렇듯 낙세 라자브는 길옆의 낮은 산자락에 동굴 형식으로 파진 암벽에 불과하지만, 정면과 좌우 측면에 각각 2점을 합해 모두 3점의 부조로 구성된 사산조 시기의 유적임을 알 수 있다.

이제 낙세 라자브와 이웃하여 있는 낙세 로스탐으로 가보자. 낙세 로스탐 (Naqsh-e Rostam)은 페르세폴리스에서 북서쪽 얼마 안 되는 지점의 산간에 위치하여 있다. 낙세 로스탐은 '로스탐의 부조'라는 뜻으로 상단에는 아케메네스조 시대의 4개 왕묘와 하단에는 사산조 시대의 부조가 새겨져 있다. 아케메네스조 시대의 왕묘는 거대한 암벽 산에 정면의 세 개와 우측면에 한 개 등 모두 4개가 십자형 홈 형식으로 부조되어 있다. 이중 정중앙에 있는 왕묘는 다리우

사진 92 낙세 로스탐 전경

사진 93 낙세 로스탐의 크세르크세스 1세 부조

사진 94 미완성의 다리우스 3세 묘 옆의
사산조 시기 부조

스 1세의 묘로 부조 왼쪽에 고대 페르시아어, 엘람어, 아카드어 등 3종류로 비문이 새겨져 있다. 또 셀레우코스조 시절에는 아람어가 추가되었다. 다리우스 1세 묘의 우측면에는 크세르크세스 1세의 묘가 홀로 있고 다리우스 1세 묘를 기준으로 그 옆이 아르타크세르크세스 1세의 묘이고 또 그 옆이 다리우스 2세의 묘로 끝에 해당한다.

다음 아케메네스 왕들의 무덤을 구체적으로 살펴보자. 정면에서 바라볼 때에 가장 오른쪽 측면에 홀로 있는 크세르크세스 1세의 묘를 보자. 크세르크세스 1세의 묘를 비롯하여 낙세 로스탐의 왕묘들에서 각 왕들은 공통적으로 한손에 활을 들고 한손에는 아후라 마즈다를 향하고 있다. 다리우스 1세 묘도 같은 형식을 하고 있으나 활은 훼손되어 거의 안보이고 이미 언급한 것처럼 왼쪽에 비문이 새겨져 있다. 다음으로 아르타크세르크세스 1세가 들은 활의 모습은 분명하나 아후라 마즈다의 후면부가 파손이 심해 알아 볼 수 없다. 마지막 다리우스 2세의 묘는 활을

사진 95 낙세 로스탐의 다리우스 1세 묘

든 부조가 훼손되고 아후라 마즈다 뒤
편의 부조도 많이 사라진 상태이다.

사진 96 다리우스 1세 묘 하단의 사산조 부조

사산조 시기의 부조를 보면 다리우
스 1세 묘 밑에 사산조 바흐람 2세 부
조가 있다. 또 그 오른쪽에는 미완성
인 채인 다리우스 3세 묘 옆에 사산조
나르세(Narseh)가 있으나 오른쪽 측
면에 홀로 있는 크세르크세스 1세 묘
의 하단에는 사산조 부조는 없다. 또
다리우스 1세의 좌측면 하단에는 사산조 샤푸르 1세의 부조가 있고 또 아르타
크세르크세스 1세의 하단에는 호르미즈드 2세의 부조가 있다. 왼쪽 맨 끝에 있

사진 97 샤푸르 1세 부조상

사진 98 낙세 로스탐의 아르타크세르크세스 1세 묘

는 다리우스 2세의 하단에는 사산조 샤푸르 2세 부조가 있다. 이제 사산조 시기의 부조를 살펴보자. 먼저 미완성의 다리우스 3세 묘의 옆에 있는 부조를 보자. 그 부조는 나르세 왕의 서임 부조로 오른쪽 끝에 크라운 왕관 모양의 관을 쓰고 다리가 안 보이는 전신 옷을 입은 여신이 있는데 이는 아나히타 여신을 나타낸다. 또한 여신은 왕에게 왕권의 상징인 리본이 걸린 고리를 건 내고 있다. 왕의 뒤편에는 2명의 관리가 서 있으며 왕과 여신 사이에는 작은 키의 왕자가 묘사되고 있다. 여신의

사진 99 호르미즈드 2세 부조　　　　**사진 100** 낙세 로스탐의 다리우스 2세 묘

머리는 마치 팔랑개비 모양으로 여러 겹 말아 올린 모습을 보이는데 이는 사산조 고관 부인의 머리 스타일에서 나타난다.

　다음에는 다리우스 1세 묘의 아래에 상하로 2단에 걸쳐 조각된 부조이다. 부조의 상단과 하단에 말을 탄 두 명이 각각 있는데 왼쪽이 바흐람 2세로 창을 들고 상대방과 싸우고 있는 장면을 보여준다. 또 그 바로 왼쪽 옆의 부조는 높이가 7m에 달하는 대형부조로 샤푸르 1세가 말을 타며 한 손으로 로마 황제를 잡고 또 한 손에는 말안장 옆에 칼을 잡고 있는 장면이다. 말머리 앞에 무릎을 꿇은 로마황제는 두 팔을 벌려 샤푸르 1세를 맞는 장면을 연출하고 있다. 부조에 무릎을 꿇은 사람은 바로 로마황제로 발레리아누스 황제이며 서 있는 사람은 필립푸스 황제로 판단된다. 아르타크세르크세스 1세의 하단에는 호르미즈드 2세의 부조가 있는데 창을 가진 왕이 상대의 가슴을 찔러 넘어뜨리는 장면을 묘사하고 있다. 왕의 뒤에는 군 깃발을 들은 군사 한 명이 서있고 왕이 탄 말은 발을 모두 수평으로 하여 마치 도약하는 모습을 취하고 있다. 마지막

사진 101 샤푸르 2세 부조

사진 102 낙세 로스탐의 바흐람 2세 부조도

사진 103 아르다시르 1세 부조도

으로 다리우스 2세 묘의 하단에는 사산조 샤푸르 2세가 왕관을 쓰고 손에는 리본이 달린 긴 창을 들고 상대방을 찌르는 자세를 취하고 있다. 왕이 탄 말은 도약하는 자세를 취해 역동적인 모습을 보인다. 왕이 창을 가지고 찌르는 상대방은 모자를 로마식 투구를 쓰고 있어 로마군으로 보인다.

이어서 아케메네스 왕들의 묘와는 별도로 왼쪽 방향의 암벽에 설치되어 있는 부조는 사산조 바흐람 2세와 아르다시르 1세의 부조에 해당한다. 바흐람 2세가 부조된 것은 바흐람 2세를 가운데 두고 좌우에 각각 가족과 가신들을 부조해 놓고 있다. 다음 아르다시르 1세의 부조이다. 그 부조에는 크라운 왕관을 쓴 아르다시르 1세가 오른손은 칼을 들고 왼손에는 아후라 마즈다로부터 왕권의 상징인 리본이 달린 고리를 건내받고 있는 장면이다. 이처럼 낙세 로스탐에 새겨진 부조들은 대부분 사산조 왕이 조로아스터교의 상징인 아후라 마즈다에게서 왕의 징표를 수여받는 장면을 나타낸다. 한편 낙세 로스탐에는 다리우스 1세와 오른쪽에 홀로 있는 크세르크세스 1세의 묘 사이에 미완성의 다리우스 3세의 묘가 남아 있는데 이는 다리우스 3세가 알렉산드로스 대왕에게 침공당해 다 완성하지 못한 것으로 보인다.

마지막으로 낙세 로스탐에 남아 있는 구조물 중에 조로아스터교와 관련이 있는 건물을 소개한다. 그것은 아케메네스 왕묘의 전면에 좀 더 떨어진 넓은 평지에 카바 자르두스트(Kaaba Zardusht)라고 불리는 아케메네스조 시기에 만들어진 건축물이다. 건물은 직립된 직사각형으로 중앙에 계단이 있어 올라갈 수 있는 구조로 조로아스터교의 종교 의식에 쓰인 건물로 생각된다. 이 건물의 3면에는 샤푸르 1세의 업적이 기록되어 있어 당시 사산조와 로마와의 관계를 알 수 있는 중요한 사실을 전해 준다. 또한 건물에는 아후라 마즈다와 기마전투도 등도 부조되어 있다.

사진 104 낙세 로스탐의 카바 자르두스트

파사르가대와 페르세폴리스

시라즈 외곽에 있는 아케메네스조의 대표적인 유적은 파사르가대와 페르세폴리스가 있다. 페르세폴리스는 워낙 방대함으로 관람에 많은 시간이 필요로 한다. 자세히 보고자 하면 하루 종일이 걸린다. 이에 비해 파사르가대는 대략 2시간 정도면 볼 수 있어 이곳으로 먼저 발길을 돌린다. 파사르가대(Pasargadae)는 페르세폴리스에서 북동쪽으로 약 70km 떨어진 곳에 위치하며 아케메네스조의 첫 수도에 해당한다. 파사르가대는 '파르스(Pars)의 정원'이라는 의미를 가지며 다리우스 1세가 페르세폴리스로 도읍을 옮기기 전까지 아케메네스조의 왕도로 기능을 다했다. 기원전 546년에 키루스(Cyrus) 2세에 의해 만들어지기 시작한다. 유적 안에는 키루스대왕의 무덤과 왕궁과 정원 터, 이외에 탈레 탁흐트(Tall-e

사진 105 키루스대왕 묘

Takht) 등이 남아 있으며 2004년에 유네스코 세계문화 유산에 지정되었다.

키루스대왕 묘는 모두 6단의 계단 위에 사각형 모양의 무덤을 만들었는데 가로가 2.11m에 세로는 3.17m이고 높이는 2.11m를 이룬다. 6개의 돌계단으로 이루어진 왕묘는 마치 집안에 있는 장군총을 연상시킨다. 규모는 장군총이 훨씬 더 크지만 키루스 왕묘를 보면 장군총의 본래 모습을 연상시킬 수 있다. 곧 키루스 왕묘에서 보는 6개의 계단 위에 돌무덤이 안치된 것을 본다면 장군총도 지금 남아 있는 돌 기단 위에 어떤 형태로든 구조물이 설치되었을 가능성이 있다는 점이다. 고대 동아시아나 서아시아에도 무덤을 만들어 조상을 추모하고자 하는 마음은 동일했을 것이다.

파사르가대에서 다음으로 볼 수 있는 것은 왕궁과 정원 터이다. 이곳은 대부분 파괴되어 현재 건물의 기단과 기둥 일부만이 남아 있을 뿐이다. 여기서 나의 눈을 끈 것은 무너진 기단 양쪽에 물고기 모양의 장식을 한 사람 다리이다. 한 발은 본래 사람 발의 모습이지만 또 한 발은 비늘이 달린 물고기의 꼬리 밑에 사람 발이 나와 있다. 이처럼 물고기 장식은 아시리아의 인어상에서 그 기원을 찾을 수 있는데 이것은 일종의 정령 신앙으로 추정된다. 이것은 또한 파사르가대의 비교적 외곽에 위치한 날개 달린 사람과도 대비된다. 날개 달린 사람의 얼굴은 측면을 향하고 있는데 비해

사진 106 파사르가대의 궁전터

사진 107 파사르가대의
날개 달린 사람 부조상

사진 108 파사르가대의 탈레 탁흐트

날개는 정면 각도로 4개가 잡혀 있다. 여기서 날개 달린 사람을 키루스대왕으로 보기도 하지만 확실하지 않다. 이것은 물고기 모양 조각과 대조되며 양식적으로 아케메네스조 궁전 조각의 한 특징으로 보여준다. 이처럼 날개 달린 사람 부조와 물고기 모양의 부조는 궁전 입구나 문기둥에 세워 일종의 수호신 역할을 하는 것으로 이는 아시리아 또는 히타이트 건축에서 유래한다고 할 수 있다.

이밖에 파사르가대에서는 '솔로몬의 감옥'이라 불리는 스톤 타워를 볼 수 있고 또 가장 멀리에 떨어져 있는 유적으로 고대 성벽으로 이용되었을 것으로 보이는 탈레 탁흐트도 볼 수 있다. 탈레 탁흐트는 파사르가대에서 가장 오래된 사각형태의 건물 유구로 마치 돌로 쌓은 제단처럼 보인다. 하지만 탈레 탁흐트가 위치한 지역이 파사르가대에서 가장 높은 지대임을 고려하면 일종의 망대와 같은 기능도 하였을 것으로 생각된다. 파사르가대에서 가장 중점적으로 보아야 할 유적은 고구려 장군총과 대비되는 키루스대왕 묘와 비늘이 달린 물고기 형상의 사람 부조와 날개 달린 사람 조각 그리고 가장 멀리에 떨어져 있는 탈레 탁흐트라고 할 수 있다.

　파사르가대 일정을 마친 필자는 시라즈에서 아니 이란에서 사람들이 가장 가고 싶어 하는 페르세폴리스로 한걸음에 달려갔다. 페르세폴리스(Persepolis)는 기원전 518년 아케메네스조의 다리우스 1세가 건설한 도시로 1979년에 세계문화 유산으로 지정되었다. 페르세폴리스는 이란 남쪽 자그로스 산맥 외곽의 마르브 다슈트 대평원에 있는 해발 1,770m 높이의 라흐마트 산기슭에 자리하고 있다. 페르세폴리스는 현지 말로 탁흐테 잠시드(Takht-e Jamshid)라

사진 109 페르세폴리스 전경

사진 110 만국의 문 정면

사진 111 만국의 문 측면

사진 112 만국의 문 황소상

사진 113 만국의 문 후면부

사진 114 만국의 문 후면 인면수조 상

고 하는데 고대 그리스인들은 이를 '페르
시아의 도시'라는 뜻으로 불렀다. 페르세
폴리스는 다리우스 1세가 즉위한 뒤에 수
사와 파사르가대에 이어 만든 수도에 해당
한다. 페르세폴리스는 기원전 518년부터
다리우스 1세와 그의 아들 크세르크세스
1세 그리고 다리우스 1세의 손자인 아르
타크세르크세스 1세 등 3대에 걸쳐 1백년
만에 완성한다. 하지만 기원전 331년 마케
도니아 알렉산드로스 대왕의 침공으로 불
타 완전히 사라진다.

현존하는 페르세폴리스는 남북의 길이가
473m에 동서의 길이는 386m이며 또 높이
가 12m에서 14m에 이르는 방대한 기단
구조를 가진 유적이기 때문에 여러 구역으
로 구분된다. 먼저 계단을 통해 들어가면
크세르크세스의 문이라는 만국의 문이 나
온다. 만국의 문에서 처음 만나는 형상은
사람 얼굴을 한 거대한 황소상이지만 안타
깝게도 문의 좌우에 있는 양쪽 황소상 모두
머리가 파손되어 멸실된 상태이다. 만국의

문을 이루는 직사각형 기둥의 꼭대기에는 고대 페르시아어와 엘람어 그리고 바빌로니아어 등 쐐기문자로 크세르크세스 1세의 비문이 3단에 걸쳐 조각되어 있다. 만국의 문을 들어와 뒤쪽에서 보면 황소상의 꼬리가 직각으로 꺾여 꼬리 끝부분이 곱슬머리 형태로 마무리되어 있는 것은 인상적이다. 아울러 황소의 다리에서 보는 근육의 강약은 금방이라도 뛰쳐나올 것 같은 느낌이다. 이어 기둥의 몸체만 남은 통로를 통해 나오면 뒤편에 있는 기둥 좌우에 또다시 황소상이 보인다. 뒤편에 있는 황소상은 사람의 얼굴에 날개가 달린 황소 두 쌍이 조각되어 있다. 앞쪽 기둥의 황소상이 몸체가 온전하다면 뒤쪽 기둥의 황소상은 얼굴 부위가 비교적 온전하고 대신 몸체의 파손이 심하다. 분명 황소의 허리 위에는 날개가 달려있고 앞쪽 얼굴의 눈과 코 그리고 입은 훼손되었으나 머리에 쓴 모자와 수염은 잘 남아 있다. 황소상의 날개는 물고기의 비늘처럼 정교하게 부조되어 금방이라도 하늘로 날아갈 듯하고 또한 수염은 한올 한올 곱슬머리처럼 말려 있다. 이러한 황소상은 출입구에 세워 일종의 수호신 역할을 하는 것으로 아시리아에서 그 기원을 갖는다.

만국의 문에서 안으로 곧장 가면 그리핀 조각상이 눈에 띈다. 그리핀(griffin)은 그리스 신화에 나오는 상상의 동물로 사자 몸통에 독수리의 머리와 날개를 한 존재이다. 그리핀은 동물로 육지의 제왕인 사자와 또 하늘의 제왕인 독수리를 한 몸에 형상화해 그 용맹함을 과시하려는 목적이 있다. 페르세폴리스에서도 그리핀은 그런 의도 하에 만들어졌다고 생각된다. 그런데 페르세폴리스에서 만나는 그리핀 조각은 다소 희화적이다. 양쪽에 붙어 있는 커다란 독수리 머리에 비해 사자 몸통의 비례가 작아서 균형이 맞지 않고 또 독수리 머리도 마치 비상하는 위엄함보다도 오히려 오리 머리처럼 오그라져 있다. 아무튼 그렇다고는 하더라도 페르세폴리스에서 만나는 그리핀 조각은 그것이 상징하는 데로 페르세폴리스를 지켜주는 수호신의 하나로 조각되었을 것이다.

사진 115 그리핀 상

다음으로 만국의 문에서 오른쪽으로 꺾어 다리우스 1세와 크세르크세스 1세의 오디언스 홀(Audience Hall) 또는 아파다나(Apadana)라 불리는 궁전 터로 가보자. 아파다나는 페르세폴리스에서 가장 크고 웅장한 궁전 터로 다리우스 1세가 시작하여 그의 아들인 크세르크세스 1세가 완성한다. 아파다나 궁전 터는 대부분 파손되고 기둥만이 남아있어 무상한 감을 느끼게 하지만 지상 층에서 아파다나로 올라가는 양쪽 계단에 다양하고 이채로운 부조가 남아 있어 보는 이에게 감동을 전해 준다.

먼저 계단에는 연꽃잎과 줄기 그리고 사이프러스 나무와 비슷한 부조가 수없이 이어지고 있고 또 황소를 잡아먹는 사자상이 사실적으로 부조되어 있다. 사자부조는 다리 근육 등이 섬세하게 표현되고 황소를 잡아먹는 얼굴 표정도 생동감이 있게 그려 내고 있다. 이어 창을 들거나 어깨에 화살통과 화살을 멘 페르시아인들이나 낙타와 양 그리고 소와 말 등의 동물들도 등장한다. 또한 아케메네스조의 지배지역은 물론 전 세계 각지로부터 페르시아 왕을 위해 공납하러오는 사람들의 부조로 가득하다. 예를 들어 메디아, 엘람, 파르티아, 이집

사진 116 아후라 마즈다 상

사진 117 아후라 마즈다와 마주한 인면수조 상

사진 118 페르시아 군인들

사진 119 공납을 위해 대기 중인 사신들

트, 박트리아, 아르메니아, 바빌로니아, 시리아, 스키타이, 간다라, 소그디아, 리디아, 카파도키아, 이오니아, 인디아, 아라비아, 리비아, 에티오피아 등 세계 각지의 사절들로 가득하다. 이들은 자기들의 전통 의상에 자기 지역에서 나는 특산품을 손에 들고 공납하는 장면을 연출하고 있다. 얼굴과 의상 또는 손에 들은 그릇이 각기 달리 부조되어

사진 120 공납 행렬

있어 많은 흥미를 자아낸다. 따라서 아파다나는 고대 페르시아의 왕이 아케메네스의 속주에서 오는 고위 관리를 만나는 곳으로 생각된다.

　아파다나 뒤에 나오는 다리우스 1세의 궁전인 타차라(Tachara)와 회의를 하는 공간으로 추정되는 트리필론과 크세르크세스 1세의 궁전인 하디시 구역을 살펴보자. 타차라는 미공개 지역으로 내부에 올라가 볼 수 없지만 그 궁전으로

사진 121 행렬 중에 보이는 마차

사진 122 페르시아 군인들

사진 123 사자상

가는 양쪽의 계단 앞에 부조된 황소를 잡아먹는 사자상이 두 곳에 있음을 보게 된다. 사자상은 아파다나 계단에서 보는 것과 별 차이는 없지만 부조의 중앙에 아르타크세르크세스 3세의 비문이 쐐기문자로 적혀 있는 것이 특징이다. 따라서 타차라에 올라가는 계단은 아르타크세르크세스 3세의 시기에 건설된 것임을 알게 해준다. 트리필론

(Tripylon)은 타차라와 하디시 사이에 있는데 크세르크세스 1세 시기에 시작하여 아르타크세르크세스 1세 때에 완성된 건물이다. 트리필론에서 가장 돋보이는 부조는 아후라 마즈다와 그를 바라보는 스핑크스 상이다. 스핑크스 상은 엄밀히 말하면 사자 몸통에 사람 머리를 한 형상이나 아케메네스조에서 나타나는 스핑크스는 사자 몸통에 날개가 달린 사람 모양을 하고 있어 엄밀히 말하면

스핑크스에다 그리핀을 더한 모습이라 할 수 있다. 어째든 트리필론에서 보는 스핑크스 상은 관람자의 입장에서 가장 가까이에서 볼 수 있을 뿐만 아니라 조각 상태도 매우 뛰어 나다는 점을 지적할 수 있다. 또한 스핑크스 상 바로 앞에서 서로 마주보고 있는 아후라 마즈다도 페르세폴리스에서 볼 수 있는 것 중에 가장 가까이에서 볼 수 있고 또 크기도 크다는 점이다. 또한 벽면에 사슴을 손에 잡고 계단을 올라가는 시종의 모습도 보여주어 부조의 다양한 군상을 느끼게 한다. 아무튼 트리필론에서 아후라 마즈다와 스핑크스 상만을 보아도 관람자에게 그 소기의 목적은 달성하였다고 할 수 있다.

다음 하디시(Hadish)는 크세르크세스 1세가 자기의 개인적인 공간을 위해 지은 궁전이라 할 수 있다. 여기에서는 크세르크세스 1세가 두 명의 시종에게 일산(日傘)을 받쳐 들고 서 있는 모습의 부조가 가장 볼 만하다. 크세르크세스 1세의 일산 부조를 자세히 살펴보면 앞서 말한 대로 시종 한 명은 일산을 들고 다른 한 사람은 지팡이와 비슷한 것을 크세르크세스 1세의 머리를 향하여 들고 있다. 이런 것을 본다면 일산은 일종의 의장용으로 쓰였을 가능성이 크다. 다만 이 지역도 밖에서만 볼 수 있지 안으로 들어갈 수 없는 미공개 지역으로 자세한 것은 살피기 어렵다. 하디시에서 계단을 통해 내려오면 지금 박물관으로 쓰고 있는 지역이 나오는데 이곳은 당시 크세르크세스 1세의 여인들 거처인 하렘 구역이다. 여기에도 사자의 배를 칼로 찌르는 아케메네스 왕의 부조가 있지만 사자의 몸통에 날개가 달려 있어 사자라기보다도 그리핀의 일종으로 볼 수도 있다. 또한 하디시에서 처럼 일산과 지팡이와 같은 물체를 들은 시종 두 명이 왕의 뒤에 서 있는 부조도 보인다.

하렘의 맞은편에는 수많은 기둥의 기단 만이 남아 있는 트레저리(treasury) 구역이 나온다. 여기서는 건물의 형태조차 남아 있지 않아 그 방대한 규모만을 확인할 수 있는데 다만 트레저리 안에 있는 오디언스 릴리프(Audience Relief)는 직접 가볼 필요가 있다. 릴리프에는 중앙에 의자에 앉은 크세르크세스 1세가 지팡이를 잡고 있는 모습이 보이고 그의 앞에는 페르시아 관리가 머리를 약간 조아린 채 한손을 입에 대고 있는 장면이 있다. 손을 입에 댄다는 것은 복종과 존경의 의미를 지닌다고 할 수 있다. 그 뒤로 두 명의 시종이 서있는데 한 사람은 긴 창을 쥐고 있고 또 한 사람은 주전자와 같은 그릇을 들고 있다. 한편 왕의 뒤편에는 한 사람이 한 손에 연꽃을 들고 서 있고 또 창을 든 사람을 포함하여 세 사람이 그 뒤를 따르고 있다. 이러한 알현 부조는 테헤란 국립 고고학 박물관에 소장된 다리우스 1세 알현 부조와 거의 유사한 형태를 띠고 있어 알현도의 원형은 다리우스 1세로부터 시작되었다고 할 수 있다.

사진 124 아르타크세르크세스 3세 묘

이어 트레저리 맞은 편 라흐마트 산자락 아래에는 '100개의 기둥을 가진 홀'(Hall)이 나오는데 이것은 말 그대로 100개의 기둥을 세우고 지붕을 이은 건물에 해당한다. 이 건물 실내 가장 깊은 곳에는 왕의 옥좌(玉座)가 설치되어 있어 이곳에서 각국의 사신을 맞는다. 이 구역은 4,800평방미터로 페르세폴리스에서 가장 큰 실내 면적을 차지하고 있는데 크세르크세스 1세부터 짓기 시작하여 아르타크세르크세스 1세 때 완성하게 된다. 이 건물의 용도는 각 지역에서 오는 사절로부터 진상품을 받는 전각으로 사용되었던 것으로 보인다. 구역 안에는 10개의 출입문이 있는데 출입문의 좌우 벽면에 왕이 칼로 사자 몸통과 날개를 가진 그리핀을 공격하는 장면이 보인다. 그런가 하면 왕이 지팡이를 잡고 의자에 앉아 있는 장면 혹은 그 위에 아후라 마즈다가 새겨져 있는 장면 등도 나온다.

사진 125 아르타크세르크세스 3세 묘에 보는 아후라 마즈다 상

마지막으로 라흐마트 산 중턱에 있는 아르타크세르크세스 3세와 2세의 묘를 살펴보자. '100개의 기둥을 가진 홀' 맞은 편 산자락에 있는 묘가 바로 아르타크세르크세스 3의 묘이다. 묘는 낙세 로스탐에 있는 아케메네스조의 왕묘와 형식상 별반 다른 것이 없어 보인다. 먼저 1층의 중앙 홈에 관을 모셨던 문이 있고 2층에는 왕이 한 손에는 활을 들고 또 한 손은 아후라 마즈다로 향하는 모습이 보인

사진 126 아르타크세르크세스 2세 묘

다. 아후라 마즈다의 뒤편에는 해 또는 달인지 둥그런 모양의 돌기와 그 아래에는 3각단으로 세워진 상판 위에 연꽃 봉오리와 같은 모양의 형상이 돋을새김으로 부조되어 있다. 다음으로 아르타크세르크세스 2세의 묘는 좀더 안쪽으로 들어가서 트레저리 구역이 내려다 보이는 위치에 있다. 묘의 구성은 아르타크세르크세스 3세의 묘와 비슷하지만 왕의 관이 모셔졌던 1층과 또 왕이 아후라 마즈다를 맞는 대좌 등에서 훼손이 심하다는 점이다. 그 이외에 활을 든 왕과 그를 마주보는 아후라 마즈다 등의 구성은 거의 같다.

아르타크세르크세스 2세의 묘를 끝으로 페르세폴리스 구역 내의 모든 건물과 시설은 다 살펴보았는데 마지막으로 라흐마트 산 남동쪽에 있는 다리우스 3세의 묘로 가보자. 이 묘는 활을 든 다리우스 3세와 그 옆의 아후라 마즈다 등이 보이는 정도로 미완성인 채 남아 있는데 이는 다리우스 3세가 알렉산드로스 대왕에게 멸망당해 자신의 묘를 다 완성하지 못하고 죽었기 때문이다.

사진 127 미완성의 다리우스 3세 묘

다리우스 3세의 미완성 묘가 페르세폴리스 안에 있다는 사실조차 모를 정도로 이곳을 찾는 사람은 거의 없는 실정이다. 하지만 다리우스 3세가 아케메네스조에 있어 최후의 왕 또는 망국의 왕이라는 점에서 그 묘의 역사성을 부여할 수 있다. 이상에서처럼 페르세폴리스에서는 왕의 묘가 뒤 산에 배치되어 있고 또 앞에는 궁전을 건축한 대형 도성이지만 아케메네스조에 있어서 실질적인 행정수도는 수사에 해당한다고 할 수 있다. 따라서 페르세폴리스는 종교적 기능이 첨가된 고대 페르시아의 정신적 지주 역할의 하나였다고 생각된다.

사진 128 미완성인 채의 다리우스 3세 부조

사진 129 이탈리아 나폴리박물관에 있는 알렉산드로스 대왕 모자이크

사진 130 필자가 나폴리박물관에서 직접 찍은 사진으로
다리우스 3세가 알렉산드로스 대왕과 싸우고 있다.

6. 사산조 유적의 고향 비샤푸르

비샤푸르 도시유적

비샤푸르(Bishapour)는 파르스 주의 카제룬 북쪽 약 20km에 있는 사산조 (224~651년) 시기의 도시유적에 해당한다. 비샤푸르는 시라즈의 그리 멀지 않은 위치에 있는데도 사람들이 잘 찾아 가는 곳이 아니다. 그만큼 비샤푸르는 잘 알려지지 않은 유적이라 할 수 있다. 비샤푸르는 1936년부터 1941년 사이에 프랑스 팀의 조사로 발굴되었다. 비샤푸르는 샤푸르 1세가 266년 창건한 도시유적으로 불의 사원과 궁전건물 터 등이 있으며 7세기의 이슬람 세력이 들어온 뒤부터는 모스크 등이 세워졌다.

시라즈에서 비샤푸르가 있는 카제룬 인근까지 가는 길은 높고 험한 산맥을 건너야 한다. 과거 알렉산드로스 대왕의 별동대가 지나간 길로 알려진 카제룬 ~시라즈 구간의 길을 따라 비샤푸르에 찾아가 본다. 이란의 어느 구간도 마찬가지이지만 시라즈에서 카제룬 인근 비샤푸르로 가는 길은 높은 산을 넘고 강을 건너는 험준한 여행길이다. 알렉산드로스 대왕의 군대가 시라즈의 페르세폴리스를 점령하기 위해 이처럼 험난한 길을 넘고 고행 끝에 아케메네스의 궁정에 도달하였던 것이다. 아케메네스 제국은 고대 페르시아 영역에 모든 소식을 15일 만에 알릴 수 있는 '왕의 길'을 곳곳에 닦아 놓았다. 카제룬~시라즈 구간도 고도(古道)로 바로 그러한 길에 속한다.

비샤푸르에 도착하기 전에 길 바로 옆에 있어 차를 세우고 살펴 본 부조 하나가 있어 일단 여기서 소개해 본다. 이 부조는 중앙에 왕관을 쓴 남자가 있고 그 좌측에는 물병인 듯한 병을 잡고 중앙의 인물에 받치는 형상을 부조해 놓고 있다. 우측에는 두손을 아래로 꺾고 중앙의 인물로 향하는 자세를 취하고 있다. 또 좌측 끝에는 삽의 손잡이처럼 생긴 곳에 한 마리의 새가 앉아 있으며 부조 한가운데에는 사자 한 마리가 조각되어 있다. 또 좌우측 측면에도 칼과 창을 들고 시립해 있는 인물상이 조각되어 있다. 이 조각상은 여러모로 아후라마즈다 등 조로아스터교 영향을 받은 대상이 없고 또 전체적으로 느끼는 조각풍을 생각한다면 이슬람 이후의 시기에 부조된 유물로 생각된다.

사진 131 비샤푸르 가는 도중 길가에 있는 사자상 부조

사진 132 비샤푸르 도시유적

　부조상을 보고 난후 바로 비샤푸르 유적의 출입구에 도착한다. 입구 가까운 곳에는 반원형 돌기가 치처럼 밖으로 돌출된 것이 여러 개가 보인다. 이 반원형 돌기는 마치 고구려 산성을 보는 듯 길게 본체 성을 쌓고 그 밖으로 치와 같은 형태를 두어 그 주목적은 방어 기능의 강화에 있다고 생각된다. 비샤푸르 외곽을 두른 성벽의 건축 시기는 사산조에 해당한다. 비샤푸르 외곽 성을 좀 더 정확히 말한다면 내몽골 적봉에 있는 삼좌점 석성이 이같은 형태를 띤다고 할 수 있다. 삼좌점 석성은 청동기 시대의 유적으로 하가점 하층문화에 속하지만 반원형 치의 모습이나 돌로 구성된 유적의 모습은 이와 매우 유사하다고 할 수 있다. 다만 두 곳의 시간적, 공간적 차이로 인해 연결 가능성은 전혀 없지만 고온건조한 지역에 위치한 유사성으로 인해 그 형태는 비슷하게 출현한 것으로 판단된다.

　외곽 성벽을 지나자 이어 정부청사, 이슬람 모스크 및 학교, 아나히타 사원, 기념식 홀, 궁전 터 등이 나온다. 비샤푸르 유적은 드넓은 대지에 대부분 파괴된 상태로 자리 잡고 있는데 건물의 대다수는 돌과 회반죽을 이용하여 지은 것이다. 비샤푸르 유적 중에 유일하게 계단을 통해 내려가는 사각형 건물이 있다. 또 건물 안에는 아치형 통로가 여러 개 있어 이것이 중앙 홀로 연결되도록 설계되어 있다. 여러 형태를 감안하여 볼 때에 이 건물은 아나히타 사원이라 생각된다. 사원 주위에는 돌담으로 구획지어진 건물로 둘러싸인 넓은 뜰이 나타난다. 이것은 각종 기념식이 거행된 장소로 궁전 유적이라 여겨진다. 또한 한쪽 구석에는 물 저장고로 쓰인듯한 직사각형 모양의 유구가 있고, 벽체는 돌로 차곡차곡 쌓아올려 상당히 견고한 느낌을 준다. 어느 유적에서나 물 저장고는 흔히 볼 수 있는데 이는 물이 사람들이 생존하는데 필수적인 역할을 하기 때문이다. 직사각형 형태의 물 저장고는 고구려 산성에서 요동반도 장하의 성산산성에서도 볼 수 있다. 돌을 쌓아 올린 형태는 비슷해도 전체적인 크기는 이곳이 작다고 할 수 있다.

사진 133 비샤푸르 도시유적 안의 아치형 구조

이러한 물 저장고를 뒤로 하고 유적의 중앙에 난 길을 따라 한참 걸어가면 불의 사원과 이슬람 시기 건축된 목욕시설, 저메 모스크 등이 있는 구역에 다 다른다. 비샤푸르 유적 대부분과 비슷하지만 불의 사원 기초부분은 돌로 기단 을 쌓고 그 위에 두 개의 대리석 기둥이 하늘을 향해 서있다. 이 같은 모습은 비샤푸르 유적 내에서 좀처럼 보기 어려운 건물 유구로 좀더 색다른 느낌을 준다. 기둥을 좀더 자세히 살펴보면 삼단의 돌받침 초석에 원형 기둥을 세운 것으로 기둥 상단은 그리스풍의 조각이 새겨져 있다. 이를 보아 이 유적에도 헬레니즘 영향이 끼친 것으로 생각된다. 기둥 주변의 건물 유구에는 작은 구획

사진 134 비샤푸르 도시유적의 불의 사원

이 여러 채 나누어져 있고 또 아치형 구조가 많이 보인다. 이처럼 비샤푸르 유적의 후면 블록에서 가장 볼만한 것은 바로 조로아스터교 사원으로 사용되었을 불의 사원이다. 불의 사원은 입구에서 많이 떨어져 있어 놓치기 쉬운 건물이나 비샤푸르를 찾는 이라면 반드시 찾아가야할 유적이라고 생각된다.

비샤푸르 마애부조

   진행 방향상 샤푸르 1세 석상이 세워진 무단 동굴에 가기 전에 샤푸르 강의 협곡 좌우에 있는 부조상을 우선 보러 가야한다. 협곡 남쪽에서 제일 먼저 만나는 것은 반쯤 훼손되고 하단부만 뚜렷이 보이는 부조상이다. 오른쪽 말은 탄 사람은 샤푸르 1세로 거의 다 훼손된 상태이지만 그가 탄 말발굽 아래에는 로마 황제인 고르디아누스 3세가 엎드려 누어 있다. 샤푸르 1세를 향하여 두 무릎을 꿇고 두 팔을 벌이고 있는 자는 필리푸스이며 오른쪽 말을 탄 사람도 반은 파손된 상태라 전체적인 파악이 어렵다. 이 같은 샤푸르 1세와 로마황제인 필리푸스 그리고 고르디아누스 3세 구도는 바로 다음의 부조에서도 확인이 된다. 이제 다음 부조로 넘어가 보자.

사진 135 비샤푸르 샤푸르 1세 부조

사진 136 샤푸르 1세 기마전승 마애부조

　남쪽 협곡에서 볼 수 있는 부조는 기마전승 마애부조라고 할 수 있다. 상태
도 처음 만나는 부조보다도 양호하다. 부조는 샤푸르 1세가 말을 타고 있는
장면이 중앙에 나오는데, 말 아래 샤푸르 1세가 로마 황제인 고르디아누스 3
세의 시체를 발로 짓밟고 있다. 샤푸르 1세 머리 앞에는 승리의 상징인 리본
을 든 날개 달린 천사가 샤푸르 1세의 머리를 향해 전진하고 있다. 이 같은 천
사상은 조로아스터교의 아후라 마즈다와 그리스의 엔젤이라는 신화적 요소
의 결합으로 볼 수 있다. 말 머리 앞에 무릎을 꿇고 샤푸르 1세에게 공손히 머
리를 조아리고 있는 자는 샤푸르 1세에게 50만 황금동전을 지불하기로 하고
평화조약을 맺은 고르디아누스 3세의 후계자인 필리푸스이다. 필리푸스는 허
리에 칼을 찬 채로 복종하는 듯한 자세를 취하고 있다. 말 뒤에서 샤푸르 1세

의 손을 잡고 서 있는 자는 에데사 전
투에서 패전한 뒤에 포로가 된 발레
리아누스 로마 황제이다. 필리푸스
뒤에는 사산조 관리가 칼을 차고 이
광경을 지켜보고 있으며 그 후면부에
는 여러 명의 군사가 칼과 도끼 등의
무기를 들고 서있다. 샤푸르 1세 뒤에
는 다수의 사산조 사람들이 말을 타
고 한쪽 손을 구부린 채 일제히 샤푸

사진 137 샤푸르 1세와 로마군 전쟁부조

르 1세 쪽을 향하고 있다. 이 부조에 다양한 군상(群像)을 표현하고 있다는 점
에서 로마 황제인 트라야누스 기념원주의 영향을 받았다고 말할 수 있다.

사진 138 전쟁 부조 속의 전마 군단

이제 남쪽에 있는 부조를 마치고 샤푸르 강을 넘어 북쪽에 있는 탕게 초간 (Tang-e chogan)이라 불리는 마애부조로 가본다. 북쪽에서 제일 먼저 만나는 것은 크기가 매우 큰 군상 부조이다. 높이가 6.7m에 길이는 9.2m에 이르는 크기로 샤푸르 1세가 로마 군대와 싸워 이긴 장면을 묘사한 부조이다. 중앙에 샤푸르 1세가 말을 타고 있고 발 아래로 누군가를 밟고 있다. 부조의 왼쪽에는 말을 탄 수많은 사산조 기마군단이 샤푸르 1세를 바라보고 있고 또 오른쪽에는 손에 무언가를 들고 샤푸르 1세에게 공납하는 포로들을 조각한 장면이 보인다. 이 부조는 릴리프의 고저가 낮은 저부조 형식으로 바위의 한 면을 깎아 만들었다.

다음으로 볼 수 있는 것은 바흐람 2세의 부조로 말을 타고 있는 사람이 바로 바흐람 2세이다. 바흐람 2세 앞에는 긴 칼을 찬 사람이 앞에 서 있으며 그 뒤로는 이국인인 듯한 6명이 말 네 마리와 함께 뒤를 따르고 있는 장면이 보인다. 6명 중에 앞의 세 사람은 얼굴 윤곽이 분명히 드러나고 있지만 뒤편의 세명은 훼손이 심해 얼굴을 자세히 확인할 수 없다. 부조의 중앙에 둥그렇게 파여진 자국이 길게 나 있지만 전체적인 구도를 파악하는 데에는 무리가 없다. 다음에는 바흐람 1세의 서임에 대한 부조인데 비샤푸르에서 볼 수 있는 릴리프 중에 가장 사실적이고 또 뛰어난 작품으로 평가된다. 오른쪽에 있는 바흐람 1세

사진 139 바흐람 2세 부조도

사진 140 바흐람 1세 서임 부조도

는 크라운 왕관을 쓰고 있고 왼쪽의 말을 탄 아후라 마즈다로부터 왕권의 상
징인 고리와 리본을 건네 받고 있다. 또한 바흐람 1세가 탄 말 밑에는 엎어져
있는 인물이 하나 보인다. 이는 샤푸르 1세의 아들로 바흐람 3세의 왕위를 찬
탈한 나르세에 의해 죽임을 당한 적군의 왕으로 보인다.

　마지막으로 샤푸르 2세 전승기념 부조는 샤푸르 2세가 가운데 칼을 잡고
있으며 왼쪽 상단에는 다수의 사산인들이 팔을 반쯤 접은 채 왕을 향하고 있
고 또 하단에는 말을 잡고 칼을 찬 채 왕을 향하고 있는 사산조인들이 보인다.
오른쪽 상단에는 팔을 접은 채 왕을 향하고 있는 포로와 하단은 뭔가를 받치

사진 141 샤푸르 2세 전승기념 부조

려는 듯 팔을 올리며 왕을 향하는 일련의 포로들이 묘사되어 있다. 이상에서
보는 것처럼 비샤푸르 마애 부조에서는 사산조 시기의 여러 왕들과 로마 황
제들도 등장하는 재미난 현상을 보여준다. 이는 사산조의 왕들이 전쟁에서 승
리한 자신의 업적을 과시하려는 측면과 왕으로서의 정통성을 조로아스터교
를 통해 과시하려는 측면도 있다고 보여 진다. 아무튼 오늘날 사산조의 유물
이 부족한 현실을 생각한다면 비샤푸르 부조들은 고대 페르시아의 귀중한 유
산의 하나로 평가받을 수 있다.

샤푸르 1세의 석상이 있는 무단 동굴

전승 기념 부조에서 동쪽으로 6km 떨어진 산꼭대기에 있는 무단(Mudan) 동굴로 향한다. 이 동굴은 찾아가기 매우 힘든 코스로 찾는 이가 별로 없다. 동굴이 위치한 산 아래 마을에서도 2시간 이상 험악한 산으로 올라가야 한다. 웬만한 마음가짐으로 올라갈 수 없는 난코스이다. 차는 우선 샤푸르 강에 놓여 있는 다리 하나를 건너 산 밑자락에 자리 잡은 작은 마을에 닿는다. 무단 동굴까지 가는 산은 험하고 가파르다. 건조한 기후 탓에 산에는 사막 기후에서 자라는 키가 작은 나무들만이 듬성듬성 보일뿐 거의 민둥산이다. 샤푸르 강을 사이에 두고 남과 북에 거대한 산맥을 형성하는 지형이다. 산에 올라가면 갈수록 맞은 편의 산과 산 아래의 들판이 시원스레 잘 보인다. 2시간만의 산행 끝에 무단 동굴에 거의 다다르니 계단이 보인다. 계단을 통해 동굴 입구에 올라서자 관리인 듯한 사내 한사람이 나를 반긴다. 그리고 물 한잔을 권한다. 물어보니 이 관리인은 성수기 때에 이곳에 자며 석상을 관리한다고 한다. 물 한잔을 다 들이 킨 나는 석상을 좀더 가까이 가보기 위해 동굴 안으로 들어가 보았다.

동굴은 생각보다 컸고 동굴의 중앙에 샤푸르 1세의 석상이 서 있다. 샤푸르 1세 석조 입상은 8m 높이로 두 발목과 두 팔은 파손된 상태로 없어졌지만 허리와 얼굴부분은 비교적 자세히 남아 있다. 허리에는 리본을 묶은 일자형 매듭이 마치 칼을 찬 것 마냥 비스듬히 조각되어 있고 머리에는 왕관을 썼으며 머리카락은 펄럭이는 물결 형태로 양쪽에 만들어져 있다. 머리카락을 자세히 보니 팔랑개비 모양의 꼬인 형태로 머리를 장식하고 있는데 코는 이미 파손되어

사진 142 무단 동굴의 샤푸르 1세 석상

없으나 눈은 부리부리하고 수염도 역시 둥그렇게 말린 상태로 조각되어 있다. 석상을 자세히 보면 목에도 목걸이와 비슷한 것이 조각되어 있고 상의에는 물결무늬가 새겨져 있음을 알 수 있다. 뒷머리는 마치 빨래판 마냥 옆으로 주름진 형태의 조각이 직사각형으로 부착되어 있다. 샤푸르 1세의 석상이 위치한 지형은 사람들이 쉽게 접근할 수 없는 높은 산의 꼭대기에 위치한다. 그것은 샤푸르 1세가 로마 황제를 굴복시킨 위대한 왕중의 왕으로 사람들에게 각인시켜 그의 위엄을 만천하에 보이려고 한 의도가 있다고 생각된다. 때문에 햇빛을 정면에서 바라보는 전망좋은 위치에 그의 석상을 세운 것으로 판단할 수 있다. 사실 이곳에 올라서면 주변 일대가 한눈에 보일 정도로 전망이 좋다.

산상의 동굴에 샤푸르 1세의 석상이 있는 것은 내몽골 대흥안령 자락에 있는 알선동 동굴과도 여러모로 비교된다. 그곳에는 북위의 시조인 탁발선비의 선조에 관한 내력이 적혀 있는 비문이 있다. 깊은 산속의 동굴에 자신들의 조상에 얽힌 석상이나 비석이 존재한다는 점에서 무단 동굴과 알선동 동굴은 같은 의미를 지닌다고 할 수 있다. 또한 고구려에서도 국동대혈이 동굴 형태로 집안의 한 쪽에 존재한다. 이런 모든 것을 볼 때에 동굴은 고대 서아시아나 동아시아에서 조상신과 관련된 일종의 성소로 추앙된다는 것을 알 수 있다.

사진 143 샤푸르 1세 석상의 측면

제2부 이란서부

1. 엘람왕국의 수도가 있는 후제스탄 주

후제스탄 주와 초가 잔빌 지구라트

후제스탄(Khuzestan) 주의 주도는 아바즈(Ahvaz)로 인구가 110만 명을 넘어 이란전체에서 7위에 해당하는 규모를 가지고 있다. 후제스탄이라는 말은 페르시아어로 '수사 사람'을 의미한다. 이란의 남서쪽에 위치하여 페르시아 만과 접하며 북쪽은 자그로스산맥이 경계를 이룬다. 기후는 사막기후로 매우 더우며 서쪽에는 이라크와 육지로 국경을 이루고 페르시아 만을 사이에 두고 쿠웨이트와 지근거리를 이룬다. 주요 도시로는 수사와 슈시타르, 이제 등이 있다.

수사(Susa)는 오늘날 슈시(Shush)라고 하는 도시로 역사상의 이름은 오히려 수사로 더 잘 알려지고 있다. 따라서 본고에서는 오늘날 슈시를 나타낼 때에도 더 널리 알려진 수사로 표기하도록 한다. 수사는 고대 엘람왕국의 수도로 엘람왕국은 기원전 2700년경부터 기원전 539년까지 고대 페르시아에 존재한 왕국이다. 엘람왕국은 메소포타미아의 남부와 북부에 각각 위치한 수메르와 아카드 문명의 동쪽 방향에 있었다. 곧 그 위치는 오늘날 이란의 남서부 지역인 일람(Ilam) 주와 후제스탄 주 그리고 이라크의 남부 지역에 해당한다고 할 수 있다. 엘람왕국의 통치시스템은 왕이 여러 명의 지방통치자를 거느리는 형태를 취하였는데 왕의 아들은 바로 수사의 통치자가 되었다. 아케메네스조가 기원전 539년에 수사를 침공하면서 엘람왕국은 멸망당하였는데 이후 엘람어는 아케메네스조에 있어 공용어의 하나로 인정될 만큼 많은 영향을 끼쳤다. 수사는 아케메네스조 때에도 겨울수도로 계속 이용된다.

다음으로 슈시타르(Shushtar)는 후제스탄 주의 주도인 아바즈에서 북쪽 방향에 있는데 카룬(Karun) 강의 동쪽 고원지대에 위치한다. 또 카룬 강이 도시의 남북을 흐르는 슈시타르는 강 안의 섬이 도시 안에 많이 발달하여 있어 요새에 적합한 지형을 이룬다. 또 강물을 콰나츠(Qanats)라는 수로를 통해 집으로 연결하는 시스템인 관개수로가 잘 발달되어 있다. 풍부한 수자원 덕택에 과수원 등 농업이 발달하였지만 남쪽에 위치한 관계로 기후는 매우 덥다고 할 수 있다. 이러한 이유 등으로 인하여 사산조 시기에는 겨울수도로 그 가치를 다한다.

이제(Izeh)는 후제스탄 주에 있는 작은 도시로 인구는 10만 명을 훨씬 상회한다. 이제에는 에스카프테 살만(Eshkaft-e Salman)과 쿨레 파라흐(Kul-e Farah) 그리고 사자석상(獅子石像)이 있는 묘지인 시레 상기(Shir-e Sangi)가 유명하다. 이

사진 144 초가 잔빌 지구라트 원경

제의 역사는 엘람왕국 시절로부터 거슬러 올라가며 당시에 이제는 아야피르(Ayapir)라고 불리었으나 지금과 같은 이제라는 명칭은 비교적 최근인 1935년에 생긴 이름이다.

이제 초가 잔빌 지구라트에 대해 알아보자. 초가 잔빌 지구라트(Chogha Zanbil Ziggurat)는 수사의

남동쪽 45km 지점에 있는 지구라트로서 5층 규모의 신전으로 탑의 형식을 취하고 있다. 기원전 13세기 중반 엘람왕국의 왕에 의해 종교와 정치적 수도로서 건설되었으며 1979년에 세계문화유산에 등재되었다. 초가 잔빌 지구라트는 본래 5층 규모이었으나 지금은

사진 145 층계로 이루어진 지구라트

25m 정도만 남아 있다. 안쪽에 지구라트로 올라가는 계단이 있고 작은 신들을 위한 11개의 신전이 있다. 입구는 아치형으로 되어 있으며 왕과 제사장만이 출입할 수 있는 공간이다. 본래 초가 잔빌 지구라트는 두르 운타시(Dur Untash)라고 불리었는데 이는 '높이 솟아 있는 산'이라는 의미를 가지고 있다. 지구라트는 기원전 640년경 아시리아의 침공으로 파괴된다. 지구라트는 꽤 넓은 평지에 자리 잡고 있는데 지구라트의 아래 3~4단은 흙벽돌로 되어있고 또 최상층은 흙더미가 무너진 채로 있다. 멀리서도 보일 정도로 초가 잔빌 지구라트는 탁 트인 대지 위에 세워져 있다. 지구라트는 정문에 들어서기 전에도 사람 키만한 토담들이 마치 성벽처럼 둘러싸여 있어 지구라트를 보호하고 있는 것처럼 보인다. 지구라트로 올라가는 정문은 모두 계단으로 되어 있으나 아쉽게도 현재는 출입이 금지된 상태이다. 외벽과 지구라트의 남동 정문 사이에는 일정한 공간이 평지로 되어 있어 외벽은 지구라트에 출입하는 자를 감시 경계하는 역할을 한 것으로 보인다. 지구라트는 바닥 면이 가장 넓고 또 위로 올라가며 점점 좁아지는

사진 146 지구라트 앞의 원형 구조물

피라미트 형 설계를 하고 있다. 지구라트 저층 면에는 벽돌로 아치형 천장과 앞에는 작은 제단을 이룬 흔적도 남아 있는데 이는 사원 건물로 추정된다.

북동 출입문도 계단으로 되어 있는 것은 마찬가지이나 우물 흔적처럼 보이는 둥그런 원형 석축도 보인다. 북서 출입구도 계단으로 올라가는 것은 똑같고 출입구 맞은 편에 키리리샤 사원 부지가 비교적 넓은 면적을 차지하고 있는 점이 특이하다. 사원은 미로처럼 여러 갈래 길로 연결되며 벽돌과 흙담으로 이루어져 있다. 북서 출입구에서 보면 사원과 연결되는 길이 길게 하나로 뻗어 있다. 그 옆에는 또 다른 사원 부지가 있고 북서와 남서 출입구 앞에는 흙벽돌로 쌓은 원형 기둥이 각각 보인다. 전체적으로 초가 잔빌 지구라트는 중앙에 메인 지구라트를 중심으로 주변에 외벽을 치거나 작은 신전을 배치하여 이곳을 신의 공간으로 만들려는 고대 엘람인들의 의도를 알 수 있게 한다.

수사박물관과 아판다 궁전 그리고 다니엘 묘

    수사성과 아판다 궁전에 앞서 이들 유적에 대한 사전지식을 얻을 겸해서 우선 수사박물관을 찾는다. 박물관은 크지 않고 또 이들 유적과 가까이에 있어 쉽게 찾아가 볼 수 있다. 수사박물관 입구 앞에는 페르세폴리스에서 보는 듯한 둥그런 원형 기둥의 일부가 전시되고 있다. 또 이제에서 볼 수 있는 돌 사자상도 다수 전시되어 있어 방문객에게 한층 더 기쁨을 준다. 기둥에는 연꽃무늬를 연속적으로 배치한 문양을 이루는데 아판다 궁전에서 발굴된 것으로 아케메네스조 시기의 유물에 해당한다. 박물관 내부에는 사자를 두 손으로 꽉 쥐고 있는 파르티아 시기의 헤라크레스 상과 엘람왕국 시기의 남자와 여자 두상 그리고 파르티아 시기의 여자 두상이 돋보인다. 수사박물관은 전체적으로 큰 박물관은 아니지만 아판다 궁전에서 나온 유물을 중심으로 진열되어 있어 아판다 궁전 유적을 이해하는 데 많은 도움을 준다.

사진 147 수사박물관 앞의 아케메네스조 유물

사진 148 수사 성 외관

다음으로 수사 성은 고대의 유적이 아닌 19세기 후반에 지어진 성이다. 수사 박물관 뒤편과 아판다 궁전이 보이는 부지의 맞은편에 위치한 이 성은 1890년 대 후반 프랑스 고고학자 팀의 베이스캠프로 건설된 유럽 중세풍의 건물이다. 이 건물을 지을 때에 사용된 벽돌은 초가 잔빌과 이웃 아판다 궁전에서 가져와 또 다른 유물파괴 논란을 불러일으키기도 하였다. 현재 수사 성은 민속품을 위주로 한 박물관으로 운영되고 있는 데 이 성에 올라가면 수사 시내 방향으로 다니엘 묘가 바로 앞에 볼 수 있는 장점이 있어 한번 들려 볼만하다.

사진 149 아판다 궁전터

이어지는 코스는 아판다 궁전이다. 아판다 궁전(Apadana Palace)은 수사 성의 맞은 편 넓은 대지 위에 남아 있는 엘람왕국의 궁전 터에 해당한다. 엘람왕국이 멸망한 후에 아케메네스 조의 다리우스 1세가 엘람왕국의 궁전 터에 겨울 궁전으로 건설한 것으로 아판다 궁전은 다리우스 1세의 궁전 이라고도 할 수 있다. 하지만 다리우스 1세는 나중에 수사의 궁전보다 더 큰 궁전을 페르세폴리스에 짓는다. 수

사진 150 엘람왕국의 궁전 터인 아판다

사진 151 멀리 다니엘 묘가 보이는 수사 시내 전경

사의 궁전은 아르타크세르크세스 1세 시기에 큰 불이 나서 아르타크세르크세스 2세가 다시 짓는 역사를 가지고 있다. 하지만 기원전 330년 알렉산드로스 대왕이 죽은 다음 아판다는 다시 황폐화되기에 이른다. 유적의 부지는 넓은 대지에 형성되어 있고 일부는 흙벽이 복원된 상태로 관람객을 맞는다. 현재 부지에 남아있는 유물은 돌로 된 기둥의 파편이 대부분을 이룬다. 하지만 황소머리 조각 등 페르세폴리스에서 볼 수 있는 유물의 원형을 이곳에서 볼 수 있다는 데서 방문의 의의를 찾을 수 있다. 특히 아판다 궁전의 지붕을 떠받쳤던 돌기둥은 현재 2단 정도 남아 있는 것을 볼 수 있는데 그 크기의 웅장함과 기둥 벽면에 새겨진 연꽃무늬를 보면 당시의 화려함을 추측해 볼 수 있다. 아판다 궁

전을 돌아보며 느낀 점은 신라의 고도 서라벌이 개경으로 고려의 국도가 옮긴 후에 황폐화되던 것과 같다고 할 수 있다. 아판다 궁전은 돌로 된 건물의 초석을 제외하고 완전히 사라진 황룡사 폐사지와 같은 황량한 느낌을 받는다. 역사란 언제나 건설과 파괴의 연속이지만 수사의 아판다 궁전과 경주의 황룡사 폐사지에서 느끼는 감정은 안타까움 그 자체일 뿐이다.

수사에서 마지막 일정으로 다니엘 묘에 가본다. 수사에는 예언자인 다니엘(Daniel)의 묘가 있는데 묘는 무슬림은 물론 기독교인들의 성지순례지로 여겨진다. 무슬림이 많이 찾아오는 것은 묘지에 '구약의 선지자로 무함마드가 올 것을 예언'하였기 때문이라는 것이다. 다니엘 묘는 수사 성 맞은편에 있는데

사진 152 다니엘 묘

영묘에 실제 그의 시신이 묻힌 것인지는 확인할 수 없다. 다니엘 묘는 ㄷ자형 회랑에 고깔 모양의 뾰족한 탑을 맨 뒤에 배치한 이슬람식 사원에 해당한다. 층층이 올라가며 체감된 형태의 탑은 이란의 다른 곳에서도 볼 수 없는 특이한 모습을 한다. 그것도 단순하게 매끈한 탑의 형식이 아닌 돌계단 식으로 되어 있어 그 모습이 더욱 이채롭다. 다니엘 묘의 정문에는 작은 미나레트도 2개나 서있고 그것을 통해 안으로 들어가면 다니엘을 모신 영묘가 안치되어 있음을 볼 수 있다. 사원 안에는 많은 이슬람 신자들이 찾아와 기도를 올리고 있는데 다니엘 묘라는 느낌보다는 하나의 이슬람 사원으로 보이기만 한다. 다니엘은 구약의 4대 선지자 중의 한사람으로 다니엘서의 주인공이기도 하다. 그는 기원전 605년경 바빌론의 1차 침공 때 포로로 끌려가 바빌론 왕의 꿈을 해석하여 관직에 등용된 뒤에도 아케메네스의 키루스 왕이 유대인의 귀환을 허락할 때에 귀향하지 못한 것으로 알려지고 있다.

관개수로의 도시 슈시타르

　여행 일정상 수사와 슈시타르는 같은 코스로 잡을 수 있다. 수사에서 하루 일정을 끝내고 슈시타르에 숙소를 잡고 다음날 슈시타르 여행에 나서는 것이 좋다. 슈시타르는 한마디로 물의 도시에 해당한다. 관개시설로 유명한 슈시타르는 도시의 남북을 흐르는 카룬 강의 풍부한 수자원을 이용하여 관개시설이 잘 발달되어 있다. 슈시타르 유적의 안내판에는 '물레방아와 폭포'라는 독특

사진 153 슈시타르의 관개시설

한 이름으로 관개시설의 명칭을 적고 있다. 이러한 슈시타르의 관개시설은 유네스코로부터 그 역사성을 인정받아 2009년 세계문화유산에 등재된바 있다. 댐으로 막힌 한 면은 댐 위에 길이 설치되어 있어 사람들이 다닐 수 있고 댐 안에는 폭포와 물 저장소 등 다양한 형태로 관개시설을 꾸며 놓았다. 폭포는 여러 갈래의 수로에서 슈시타르 관개시설로 합치는 과정에서 생기거나 또는 위쪽 물 저장고에서 아래쪽 물 저장고로 흘러가는 과정에서 생긴 현상으로 슈시타르 관개시설 안에 여러 곳에서 보인다. 이처럼 협곡에 움푹 파인 강물에 작은 댐을 건설하여 이러한 관개시설로 물을 수납하여 자유자재로 이용한다는 것은 대단한 발상임에 틀림없다. 이런 지혜로운 시설을 만든 사람들은 사산조 시기로 설명되고 있다.

사진 154 위에서 내려다 본 관개시설

사진 155 슈시타르의 옛 다리

슈시타르 시내를 돌아다녀보면 이밖에 마을과 마을 사이에도 운하식의 수로
가 개설되어 있음을 쉽게 확인할 수 있다. 또 시내 중심을 흐르는 카룬 강을 막
아 댐 또는 다리로 겸용하는 오늘날 상식으로 다목적 댐에 해당하는 다리가 여
럿 보인다. 다리는 아치형 교각을 이루며 웅장한 모습을 보여주고 있는데 모두
흙벽돌로 만들어져 있다. 언뜻 보기에는 다리보다도 원형 경기장의 외부 울타
리와 같은 느낌을 주는데 큰 아치와 작은 아치가 중간 중간에 서로 교대로 배치
되어 있다. 다리의 무너진 벽면을 자세히 살펴보니 벽돌과 벽돌 사이는 회반죽
으로 접착한 모습을 보여준다. 다리의 축조 시기는 사산조로 파악되고 있다.

2. 돌 사자상으로 유명한 이제

에스카프테 살만과 쿨레 파라흐 유적

이제(Izeh)에서 여행 일정상 가장 가까운 도시는 슈시타르이다. 때문에 슈시타르 일정을 끝내고 이제로 가는 버스에 몸을 실었다. 물론 이제에는 돌 사자상만이 있는 것이 아니다. 에스카프테 살만과 쿨레 파라흐 유적이 있다는 사실이다. 먼저 돌 사자상을 보기에 앞서 에스카프테 살만으로 가보자. 에스카프테 살만 유적에서 바라보는 이제 시내는 뒤쪽에 거대한 산맥이 지나가고 그 산맥 앞에 완전한 평지를 이룬다는 사실을 확인할 수 있다. 에스카프테 살만은 이제의 남서쪽 산 틈새에 있는데 입구 암벽 면에 두 개의 부조가 있고 또 동굴 안에도 두 개의 부조가 있다. 우선 유적의 입구에 들어가며 오른쪽 암벽 상단에 잘 보이는 곳에 위치한 부조부터 살펴본다.

첫 번째 부조는 고대 엘람왕국 시절 이 지역의 지방통치자인 하니(Hani)와 그의 부인 그리고 부부 사이에 어린이 한 명이 부조되어 있음을 알 수 있다. 세 사람 모두 두 손을 모으고 경배하는 자세

사진 156 이제의 바위에 새겨진 부조

로 왼쪽을 바라보고 있는데 남자는 머리에 엘람왕국 시절에 보이는 두 개의 쇠사슬이 내려뜨린 투구를 쓰고 수염은 페르세폴리스에서 보는 것처럼 길게 늘어뜨려 있다. 상의와 하의는 하나로 연결되어 무릎 위에 까지 내려오며 두 손은 꼭 모은 상태이다. 여자는 얼굴 윤곽이 분명할 정도로 조각이 잘 되어 있고 옷은 상의와 하의가 하나로 연결된 치마 형태를 입고 있다. 어린이는 그들 부부사이에 서서 역시 두 손을 모으고 왼쪽을 바라보는데 아마 하니의 왕자로 추정된다.

다음 오른쪽 부조는 남자 두 명이 앞에 있고 여자 한 명이 맨 뒤에 서 있는 모습이다. 제일 앞의 남자는 하니이고 두 번째는 그의 수행관리이며 마지막은 하니의 부인을 나타낸다. 수행관리와 부인 사이에 작은 키의 아이가 한 명이 있는데 이는 하니의 아들로 추정된다. 하니와 그의 부인은 두 손을 들고 왼쪽을 바라보며 무언가를 가리키고 있는 장면을 연출한다. 반면 수행관리는 두 손을 모으고 경배하는 자세를 취하고 있다. 하니와 수행관리는 역시 두 줄 끈이 늘어진 엘람왕국 시절의 독특한 투구를 쓰고 있으며 무릎 위까지 내려

사진 157 두 명의 남자와 한 명의 여자가 새겨진 부조

오는 치마형 옷을 입고 있다. 여자는 하니와 손 모양이 다른데 왼손은 앞쪽에 들고 오른손은 허리춤에 대고 있다. 이 두 부조는 엘람왕국 시기인 기원전 716년부터 699년 사이에 만들어진 것으로 이 지역 통치자인 하나의 일가를 다룬 조각으로 모두 종교행사에

참여하여 예배하는 모습을 보여준다.

이어 동굴 안에 있는 부조를 살펴보자. 동굴 안에도 두 개의 부조가 있다. 정면에서 오른 쪽에 있는 부조는 한 사람의 남자가 두 손을 가슴 앞에 들고 오른쪽을 바라보는 장면이다. 남자는 역시 엘람왕국 시기의 투구를 쓰고 옷도 암벽에

새겨진 것처럼 무릎 위까지 오는 옷을 입고 있어 이 인물이 하니라는 것을 쉽게 추정할 수 있다. 하니의 오른쪽에는 쐐기문자로 상당히 많은 글자가 새겨져 있으나 그 구체적인 내용은 알 수 없다. 이 부조의 오른쪽에 있는 또 하나의 부조는 마모가 심하여 정확히 알 수 없

사진 158 쐐기문자와 함께 새겨진 부조

사진 159 에스카프테 살만 유적에서 바라본 이제 시내 전경

으나 인물 하나가 두 손을 모으고 경배하는 자세를 취하고 있음은 분명하다. 물론 동굴 안의 두 부조의 주인공은 고대 이제 지방의 지배자인 하니로 추정된다.

다음으로 쿨레 파라흐 유적에 가본다. 쿨레 파라흐는 이제 시내에서 북동쪽 7㎞ 지점의 산자락 아래에 위치하여 있는데 쿨레는 계곡을 말하고 파라흐는 행복을 의미한다. 쿨레 파라흐 유적의 부지는 상당히 넓어 모두 6군데에 걸쳐 부조가 암벽 또는 바위에 새겨져 있다. 유적의 입구 오른쪽에 보이는 사각형 형태의 바위는 주변에 원형 돌기둥이 다수 지표면에 박혀 있는 것으로 보아 이곳 일대가 신전이었던 것으로 추정된다. 첫 번째 보이는 바위의 한 면에 조각된 내용은 에스카프테 살만처럼 남자 한명이 두 손을 모으고 왼쪽을 바라보고 있다. 이는 신을 경배하는 자세로 보여 진다. 남자의 뒤에는 그의 신하로 보이는 사람이 3단에 걸쳐 9명이 묘사되어 있고 이들 모두 역시 두 손을 모으고 있다.

사진 160 이제의 쿨레 파라흐 유적

사진 161 쿨레 파라흐의 부조

유적의 좀 더 안쪽으로 들어가자 암벽에 새겨진 부조가 보인다. 여기서도 여러 사람이 두 손을 가슴에 모으고 뭔가를 경배하는 자세를 취하고 있다. 다음에 나타나는 것은 쿨레 파라흐에서 가장 대표적인 유적으로 한 명의 남자가 두 손을 모으고 오른쪽을 바라보고 있다. 남자는 엘람왕국 시기 이제의 왕으로 추정된다. 상의와 하의가 하나로 연결되는 통옷을 발목까지 입고 있으며 그의 다리와 무릎 앞에는 작은 키로 신하인 듯한 여러 사람이 부조되어 있다. 왕의 뒤편에는 4단에 걸쳐 많은 사람이 도열하여 있다. 이들도 모두 두 손을 가슴에 대고 무언가 경배하는 자세를 취하고 있다. 다만 왕의 바로 뒤에 있는 두 사람은 이들보다 키가 더 크게 묘사되어 있

사진 162 인물상이 있는 부조

사진 163 희생제를 표현한 부조

어 신하를 통솔하는 위치에 있는 수석관리로 보여 진다. 또한 왕의 다리 아래에는 양손을 들고 무언가를 들고 있는 듯한 자세를 취한 네 명의 남자가 새겨져 있는데 이것도 무언가 제물을 받치는 모습을 나타낸다고 할 수 있다.

이것에 이은 또 다른 부조에는 엘람왕국 시절 이제의 왕으로 추정되는 한 사람의 남자가 두 손을 모으고 오른쪽을 보며 경배하는 자세를 취하고 있다. 그 남자 뒤에는 아주 작은 크기로 네 명이 표현되고 있는데 이는 그의 신하로 추정된다. 또 두 손을 모은 남자의 앞에는 소를 잡는 장면이 엷은 부조로 나타난다. 이는 동물을 잡아 희생제에 쓴다는 종교적 의식을 나타낸다. 이상의 부조상을 모두 본다면 쿨레 파라흐는 엘람왕국 시절인 기원전 1100년에서 720년 사이에 세워진 유적으로 엘람 왕국의 신인 나르시나를 위한 신전 또는 군사적 요새로 건설된 것임이 분명하여 진다. 이것으로 이제의 대표적인 고대 유적 일정을 마치고 다음으로 필자가 이제에서 가장 보고 싶었던 시레 상기로 떠나본다.

돌 사자상인 시레 상기

이란에서도 미지의 세계가 바로 이제라는 도시에 해당한다. 이제에는 수많은 돌 사자상이 장식된 거대한 묘지가 있는 곳이다. 사실 동아시아에서 사자상은 제왕의 무덤이나 불상의 좌대에 나타나는 등 위엄을 상징한다. 그 대표적인 예가 중국 섬서성의 함양 인근에 있는 당고종릉의 사자상이다. 후대에 내려와서는 북경 자금성의 천안문 입구에 서 있는 사자상이다. 이 모두 제왕릉과 궁의 위엄을 나타내는 상징물로 세워진 것이다. 한편 티베트에서도 고대 티베트 왕의 왕릉(藏王陵)에 사자상이 서있기도 하다. 한국에서는 주로 불교 건축물에 나타나는데 예를 들어 다보탑의 사자상이나 법주사 쌍사자 석등과 함께 합

사진 164 이제의 돌 사자상인 시레 상기

천 영암사지 쌍사자 석등에서 보듯 석등의 하부 구조로 독특하게 표현된다. 이런 쌍사자 석등은 세계 사자조각상 가장 독특하고 유례가 없는 예에 속한다. 일본에서는 고마이누(狛犬)로 다소 형식이 변형된 형태로 신사의 입구에 세워지기도 한다. 또한 인도와 중국의 불상 좌대에 사자상을 배치하여 부처의 위엄을 더해주는 역할을 한다. 이는 사자좌(獅子座)라 해서 사자의 용맹한 모습을 부처에 비유한다고 볼 수 있다. 한편 고대 메소포타미아에서는 아시리아 부조에서 보듯 왕의 수렵대상으로 사자상이 나타난다. 페르세폴리스에서도 수많은 사자상 부조를 볼 수 있다. 이 역시 고대 페르시아에서 왕들의 수렵 대상으로 사자상이 나타난다고 할 수 있다. 여기에는 물론 왕의 위엄과 신성성을 사자로

사진 165 한쪽 만을 쳐다보고 있는 시레 상기

빗대어 표현한 것이다. 이처럼 동서양에 공통적으로 등장하는 사자상이 이란에도 페르세폴리스를 제외하고도 많이 존재한다. 하지만 묘의 장식품으로 그것도 수도 없이 많은 사자상이 묘지에 서 있다는 것은 상당히 드문 예로 이를 확인할 필요가 있다. 이제의 사자상이 바로 이런 점에서 독특하다고 할 수 있다. 국내에 이제의 사자상을 처음 소개해 본다.

시레 상기는 이제 평원의 동남쪽 끝자리에 자리 잡은 한 산골 마을에 위치한 묘지의 돌 사자상을 말한다. 시레 상기는 이곳 이제 말고 하마단에 알렉산드로스 대왕과 관련이 있는 돌 사자상이 있기도 하다. 하지만 이곳 이제의 시레 상기는 그 양도 대단히 많고 사자상의 조각 표현도 다양하여 페르시아 조각사에 특이한 위치를 차지한다. 그런데도 불구하고 오늘날 이란을 찾는 이들은 이제의 시레 상기 존재조차도 모른다. 시레 상기는 이제 시내에서 얼마 안 떨어져 있는데 이제 평원이 동남 방향에서 끝나는 쪽 산골에 위치한다. 시레 상기가 소재한 이곳 마을은 이란에서도 소수민족의 하나로 유목을 중심으로 생활하는 바크티아리(Bakhtiari) 종족이 살고 있는 동네이다. 이 시레 상기는 바로 바크티아리 족을

사진 166 독특한 모습의 시레 상기 사자상

상징하는 조각물로 묘지에 세워진 돌 사자상을 지칭한다. 시레 상기에 조성된 돌 사자상은 전쟁에서 싸우다 죽은 자들을 기리는 무덤에 세운 일종의 묘지 석물에 해당한다고 할 수 있다.

개인의 묘역에 각각 하나씩 별도로 세워진 돌 사자상은 수도 없이 많다. 일부 넘어지거나 파손된 것도 있으나 대체로 양호한 편이다. 시레 상기의 사자상은 돌받침에 세워졌는데 사자의 얼굴은 눈과 코 그리고 입과 귀를 한 덩어리로 뭉뚱그려 조각하여 다소 희화적으로 느껴진다. 또한 사자상의 등에는 싸움꾼인 전사를 표시하는 구부러진 형태의 칼이 부조되어 있고 등에는 아랍문자가 길상문 형식으로 가로로 길게 새겨져 있다. 사자의 꼬리는 오른쪽으로 말려 몸통

과 등에 붙어서 돋을새김으로 조각되
어 있고 입은 벌린 모습을 하고 있다.
사자상은 모두 서북쪽을 향하여 서 있
다. 이것은 묘지에 묻힌 자들이 서북
방향에서 들어온 적들에게 죽임을 당
해 이들을 향해 울부짖는 형태를 취할
가능성도 있다. 시레 상기의 북과 동
쪽은 산악지대로 이 마을로 들어올 여
지가 없고 서북방향이 이제 시내로 들

사진 167 일렬로 늘어선 사자상

어가는 지름길이기에 이런 해석이 가능하다. 또한 묘지석과 사자상의 등에 새
겨진 아랍문자를 감안한다면 만들어진 시기는 이슬람 이후 시대인 카자르조로
판단할 수 있다. 수사박물관에 진열되어 있는 이와 똑같은 돌 사자상도 그 조성
시기를 이란의 근대 시기인 카자르조로 추정하고 있다.

아무튼 이제의 시레 상기는 한 구역의 묘지에 조성된 돌 사자상으로 그 규
모가 한두 기가 아닌 수십 기가 이곳에 존재한다는 면에서 동서양을 통틀어
도 매우 희귀한 사례에 해당한다. 고대 동아시아에서 제왕의 능묘에는 사자
등 석물을 수호신으로 배치하는 경우가 있으나 이곳 이제의 돌 사자상은 용
맹한 전사의 죽음을 기리는 묘표석 기능에 가깝다고 생각된다. 또한 이란의
다른 지역에서 발견되지 않는다는 점에서 바크티아리 족과 시레 상기의 연관
성은 전쟁과 관련이 깊다고 생각된다. 향후 이에 대한 본격적인 연구가 필요
하다고 할 수 있다.

3. 세계문화유산인 비수툰이 있는 케르만샤

탁케 부스탄과 비수툰을 찾아가며

케르만샤(Kermanshah) 주의 주도인 케르만샤는 본래 기원후 4세기 사산조 왕들의 후원아래 건설되기 시작하였으나 이란-이라크전쟁 때에 이라크의 공중 폭격 등으로 극심한 타격을 입었다. 이란의 서쪽 국경은 터키와 이라크로 이루어져 있는데 이라크와의 접경은 1,300km에 이르는 등 터키의 약 3배에 이를 만큼 긴 거리를 가졌다. 케르만샤는 이와 같은 이라크와의 접경 중 중간 정도에 위치하고 있다. 이러한 이유로 인하여 공군력이 다소 우세한 이라크가 이란과 전쟁을 벌인다면 이란은 긴 국경선 때문에 어려움을 겪으리라는 것은 자명하다. 1980년에 시작하여 1988년에 끝난 이란-이라크전쟁은 호메이니와 사담 후세인이라는 지도자의 대결이고 동시에 페르시아인과 아랍인과의 대결 그리고 종교적으로 시아파와 수니파의 대결이었지만 결과는 승패없는 전쟁으로 귀결되고 말았다. 전쟁의 결과 이라크에서 약 10만에서 20만에 이르는 사람이 죽고 이란은 약 20만에서 30만 명이 죽었다. 부상자는 최소한도로 잡아도 양측 모두 합해 100만 명이 넘는다고 한다. 이런 것을 반영하듯 이란을 가보면 곳곳에 이란-이라크전쟁시에 참여한 전사들의 사진들을 볼 수 있다. 이란 서부지역 대부분이 이라크의 미사일과 폭격기의 공격을 받았지만 전쟁이 종료된 후에 케르만샤는 급속히 발전하여 인구 85만 명의 이란에서 아홉 번째로 큰 도시로 발전한다. 케르만샤에서 버스로 타브리즈까지는 8시간 걸리고 테헤란까지는 9시간 걸린다.

케르만샤의 대표적인 유적인 탁케 부스탄과 비수툰을 찾아 가기 전에 시내 중심지에 있는 타케 모아벤 올 몰크를 우선 소개하기로 한다. 타케 모아벤 올 몰크(Takieh Moaven ol Molk)는 케르만샤 시내 자릴리 거리에서 약간 안쪽으로 들어가면 있다. 이 모스크는 카자르조인 1801년 건립되어 1809년에 파괴되었으나 모아벤 올 몰크로 알려진 하산 칸이 1928년에 재건한 것이 오늘날에 남아 있다. 다시 말하면 타케 모아벤 올 몰크의 뜻은 모아벤 올 몰크의 사원이라는 의미이다. 사원은 세 구역으로 크게 나눌 수 있는데 모두 그 장식이나 문양이 매우 독

사진 168 케르만샤의 타케 모아벤 올 몰크 정문

사진 169 케르만샤 타케 모아벤 올 몰크의 천장 모습

특하다. 먼저 정문입구는 아치형 구조로 예의 이슬람 문양 타일이 화려하게 장식되어 있고 여기서 들어가면 첫 번째 정원이 나온다. 사각형 구조로 된 정원은 한 가운데 작은 분수대가 있으며 블루 계열의 타일이 사방 건물 외벽을 장식한다. 이어 작은 계단을 통해 맞은편 공간으로 가는 길목에 올라서면 이 사원의 하이라이트인 제이나비예 돔이 나온다. 돔은 아래위로 사방 곳곳에 포진한 형형색색의 스테인드글라스를 통해 오는 햇빛과 실내 타일 장식이 어울려 화려함의 극치를 보여준다. 잠시 돔 내부 장식의 아름다움을 감상하고 나오면 두 번째 큰 정원이 나오는데 여기에는 하얀 색과 붉은 색 꽃들이 만발한 커다란 화단이 앞에 놓여 있음을 알게 된다. 이곳에서는 건물 사각 모서리에 위치한 볼록한 형태의 타일 기둥 아래에 있는 주병 모양 장식이 눈에 띈다. 사각 정원 정면에는 삼각형 돔이 지붕을 이루었고 2층에는 도기 등을 진열한 작은 박물관이 있어 계단을 통해 올라가 보고 아울러 테라스를 통해 1층 정원을 내려다보았다. 사각형태의 건물구조는 카샨에서 보는 것과 크게 다르지 않았으나 타일이나 문양의 장식 등에서 이곳만의 특징을 보여준다. 케르만샤 시내를 방문한다면 꼭 들러볼 정도로 인상에 남는 사원이라 할 수 있다.

다음의 일정으로 사파비 다리를 알아보자. 사파비 다리는 비수툰 경내에 있지는 않지만 비수툰에서 하마단 쪽으로 조금 가면 디누랍강 위에 놓여 져 있는 다리로 소개해 본다. 이 다리는 케르만샤에서 하마단으로 가는 옛길에 설치된 교량으로 사파비조 때에 세워져 사파비 다리라고 한다. 다리는 벽돌로 지어져 있고 중앙의 가장 큰 아치를 중심으로 모두 4개의 아치형 구조로 되어 있다. 현재 이란에서 볼 수 있는 옛다리 중에 비교적 그 규모가 크고 벽돌로 지어졌다는 데서 그 의미를 가진다. 또한 이 다리는 이스파한이나 아르다빌에서 보는 다리와는 다르게 크게 보수되어 있지 않아 옛 정취를 더 느끼게 해준다. 아울러 다리 옆에 시원하게 펼쳐 있는 밀밭과 함께 있어 정감을 더하게 된다.

　케르만샤에서 이런 두 곳의 일정을 모두 마치고 케르만샤의 가장 대표적인 유적을 찾아 나선다. 먼저 탁케 부스탄이다. 탁케 부스탄(Taq-e Bustan)은 케르만샤 시내의 북서쪽으로 비수툰 가는 방향에 있는데, 이 말은 현지어로 '낙원의

사진 170 케르만샤의 탁케 부스탄 전경

아치'라는 의미이다. 조각은 커다란 바위 산 아래에 하나는 크고 하나는 작은 아치형 동굴 두 개와 그에서 조금 떨어진 곳에 부조된 조각상 등 모두 3점으로 구성되어 있다. 먼저 큰 아치형은 11.9미터 높이에 7.85의 폭을 가진 동굴 형태를 띠고 있으며 조각은 크게 아래와 위 부분으로 나뉜다. 아치 바깥쪽 상단 좌우 모서리에는 천사상이 조각되어 있고 또 이들 사이에는 달의 신이 리본에 감싸여 조각되어 있다. 천사의 오른손에는 조로아스터교의 의식구인 고리형태의 바르삼을 들었고 왼손에는 진주를 담은 듯한 금속제 그릇을 들고 있다. 천사

사진 171 탁케 부스탄 굴감의 부조

상은 그리스에서 승리의 여신인 니케를 상징한다고 할 수 있다. 아치의 모서리에는 튤립과 새의 깃털이 연속적으로 조각되어 그 끝부분에는 리본으로 마무리되며 천사의 발 가까이에 올려져 있다. 아치 하단 전면의 사각형 돌에는 양쪽에 성수(聖樹)인 듯한 나무가 그려져 있어 이 동굴의 수호 내지는 벽사의 임무를 다하고 있는 것으로 추정된다.

동굴 내부 상부는 반원형 형태로 세 명의 인물상이 조각되어 있다. 이 중 한 가운데는 사산조의 왕이 진주 장식을 한 옷을 입고 한 손에는 검을 잡고 있다. 오른쪽에는 조로아스터교의 주신인 아후라 마즈다가 리본이 걸린 고리를 왕에게 건내는 장면이다. 왕의 왼쪽에는 조로아스터교의 여신인 아나히타가 왼손에 물병을 들며 성수(聖水)를 떨어뜨리고 있고 오른손에는 리본이 걸린 고

사진 172 탁케 부스탄의 부조

리를 잡고 이것을 왕에게 건내고 있다. 이 세 인물상은 얼굴이나 옷 등에서 세
부묘사가 뛰어남을 알 수 있다. 특히 가운데 왕의 얼굴 묘사 기법은 왕의 절대
적 권위를 상징하는 사산조 조각의 전형적인 양식이라 할 수 있다. 이 왕이 누
구인지에 대해서는 여러 설이 있으나 보통 호스로우 2세로 추정하고 있다.

반원형 아래에는 왕의 중무장한 기마상을 표현하였다. 왕은 머리에 투구인
듯한 모자를 썼고 상반신에는 갑옷을 입고 한손에는 방패를 다른 한손에는 긴
창을 손에 쥐고 있다. 왕의 머리 주변에는 둥근 형태의 아우라가 조각되어 있
어 왕의 권위를 나타내주고 있으며 말안장 주변에는 화살통도 보이고 있다. 중
무장한 기마상이 위의 인물상과 같은 호스로우 2세인지는 설이 분분하다. 동
굴 내부 측면 하단의 왼쪽에는 왕이 멧돼지를 사냥하는 장면이 있고 오른쪽에
는 사슴을 사냥하는 장면이 부조되어 있다.

작은 아치 동굴은 샤푸르 2세와 3세를 조각한 것인데 이는 좌우측 상단에
조각된 문자로 확인이 된다. 왼쪽이 샤푸르 3세로 왕의 관이 아닌 왕자의 관

사진 173 케르만샤의 사파비 다리 전경

사진 174 사파비 다리 옆의 밀밭

을 썼으며 둘 다 두 손으로 검을 잡고 있고 허리에는 단검을 차고 있다. 이처럼 샤푸르 3세가 샤푸르 2세와 함께 조각된 것은 샤푸르 3세가 샤푸르 2세의 정당한 계승자라는 것을 표현한다고 할 수 있다.

마지막으로 작은 아치 동굴 옆에 마애조각 형식으로 된 아르다시르 2세 대관식 장면을 보자. 세 명의 인물상 중에 왼쪽에는 미트라와 오른쪽에는 아후라 마즈다가 서있는데 왕은 아후라 마즈다를 보며 리본이 걸린 고리를 잡고 있다. 두 사람의 발밑에는 363년 아르다시르 2세에 의해 죽임을 당한 로마황제

율리아누스의 사체가 놓여져 있다. 왼쪽의 미트라 머리에는 부채화살 모양의 아우라가 조각되어 있으며 양손에는 조로아스터교의 성스런 나뭇가지인 바르삼(Barsam)을 들고 왕의 대관식을 인준하고 있다. 특히 미트라가 밟고 있는 것은 다름 아닌 연꽃으로 불교의 영향을 받은 것이 아닌가 생각된다. 전체적으로 조각기법상 인물의 얼굴이나 옷 등에서 세부묘사가 뛰어남을 알 수 있다.

이상에서 탁케 부스탄의 굴감(窟龕)과 마애(摩崖)형식의 조각 세 곳을 보았는데 모두 사산조의 왕들과 조로아스터교에 관계되는 것을 알 수 있다. 사산조는 조로아스터교를 국교로 지정하여 곳곳에 불의 제단이나 신전을 세웠다. 이후 이란에 이민족의 이슬람 왕조가 들어서 사산조가 세운 많은 조로아스터교 유물이 사라지지만 탁케 부스탄에서 보는 것처럼 사산조의 왕들이 믿고 추종하는 조로아스터교의 흔적은 빈약하게나마 오늘날까지 남아 있게 된다. 사산조 시기에는 문화의 다양성도 그 흔적을 볼 수 있다. 즉 탁케 부스탄에는 그리스 신화와 인도의 불교문화까지 퍼져 있었음을 알 수 있다.

다만 사산조가 진정한 아케메네스조의 계승자를 자청하여 전왕조인 파르티아조의 유산을 모조리 없앤 것은 유감이 아닐 수 없다. 오늘날 이란을 방문하여 변변한 파르티아조의 유적을 찾아 볼 수 없음은 이런 이유에서 이다. 기원전 250년에 시작하여 476년이나 지속된 페르시아의 고대 왕조인 파르티아조는 918년에 시작하여 475년이나 지속된 고려왕조와도 비견된다. 유교원리를 내세운 조선왕조가 고려조의 유수한 불교유적을 파괴한 것은 사산조와 무엇이 다른가. 이는 최근에 아프가니스탄의 탈레반이 바미얀 석불을 파괴하여 흔적조차 남기지 않은 것과 무엇이 다른가. 문화라는 것은 일방통행일 수 없다. 문화는 서로 주고받으면서 발전하는 것이 역사의 순리인 것이다. 그리스에서 페르시아를 넘어 인도까지 원정했던 알렉산드로스 대왕은 현지인의 종교와 문화를 존중하고 심지어 현지인과 결혼까지 하였다. 이것이 진정한 페르시아인이며 세계인인 것이다. 사산조가 페르시아인의 왕조로 이어지지 못하고 이슬람의 아랍인에게 멸망당했다는 것은 의미해 볼 만하다. 또 유교원리를 내세운 조선왕조가 한국사 초유의 식민지 경험을 만들었고 바미얀 석불을 파괴한 탈레반은 현재 그 씨를 말리고 있다. 문화의 힘은 사상을 녹이고 무기를 녹인다. 사고의 다양성만이 영속성을 보장한다. 이제 탁케 부스탄을 정리하고 비수툰으로 떠난다.

비수툰(Bisotun)은 케르만샤에서 30km 정도 떨어져 있는 비수툰 산에 있는데

사진 175 비수툰이 있는 비수툰 산으로 연못 맞은 편 산중턱에 비수툰 부조가 있다

사진 176 비수툰 부조로 고깔모자를 쓴 스키타이 왕이 맨 끝에 끌려가고 있다.

비수툰이라는 말은 '신의 거주지'라는 의미를 가진다. 기원전 521년에서 기원
전 519년 사이에 제작된 것으로 보이는 비수툰은 이란의 세계문화유산의 하나
로 케르만샤에서 하마단으로 가는 가도 인근에 자리 잡고 있다. 비수툰 부조가
왜 이곳에 새겨졌냐 하면 케르만샤와 하마단을 잇는 길이 고대에는 바빌로니아
와 메디아의 수도인 엑바타나 곧 지금의 하마단을 연결하는 도로였기 때문이다.

　이제 비수툰의 부조를 하나하나 살펴보자. 먼저 다리우스 1세의 전승기념
부조로 아케메네스조의 왕인 다리우스 1세는 고대 페르시아 복장을 하고 왕권
의 상징인 화살을 왼손에 들고 있다. 또 머리에는 아후라 마즈다를 상징하는
왕관을 쓰고 오른손을 아후라 마즈다로 향하게 하고 있다. 다리우스 1세 위에
부조된 아후라 마즈다는 아시리아에서 태양신을 상징하는 것으로 왕권을 상
징하는 둥근 고리를 다리우스 1세에게 건 내고 있다. 다음으로 다리우스 1세
가 자신의 발로 짓밟고 있는 자는 가우마타이다. 가우마타는 키루스 2세가 이

집트로 원정가 있을 동안 키루스 2세의 작은 아들인 바르디야를 암살하고 반란을 일으켜 스스로 왕에 등극한 자였지만 다리우스 1세가 이를 평정한다. 가우마타는 결국 왕위에 잠시 오른 반역자임에 불과하다.

다리우스 1세의 몸집이 포로들보다도 더 크게 조각되어 있는 것이 눈에 띈다. 이어 머리와 손을 포승줄에 묶인 채 끌려가는 9명의 포로들이 보인다. 이 포로들은 다리우스 1세가 왕으로 등극한 후에 반란에 참가했던 지방거점 왕들이었다. 포로들은 두 손을 등 뒤로 결박당하였고 머리는 염주 알을 메듯 포승줄로 연결되어 있다. 이 9명의 포로 중에 가장 마지막에 끌려가는 자는 머리에 고깔모자를 쓰고 있어 그가 스키타이인임을 금방 알 수 있게 한다. 다리우스 1세의 뒤에는 활과 창을 든 관리가 뒤를 쫓고 있다. 부조 하단에는 엘람어, 고대 페르시아어 등으로 다리우스 1세의 어록을 쐐기문자로 적고 있고 부조 왼쪽 측면에는 다시 바빌로니아 아카드어로 적고 있다.

비문에는 "나는 다리우스로 위대한 왕, 왕 중의 왕, 페르시아의 왕, 모든 나라의 왕"이라 하였고 다리우스가 정복한 지역을 열거하고 있다. 그것을 보면 페르시아, 엘람, 바빌로니아, 아시리아, 아라비아, 이집트, 리디아, 사르디스, 이오니아, 메디아, 아르메니아, 카파도키아, 파르티아, 호라즘, 박트리아, 소그디아나, 간다라, 스키타이 등 모두 23곳의 나라를 들고 있다. 또한 다리우스가 바빌론에 있을 때에 반란을 일으킨 지역은 페르시아, 엘람, 메디아, 아시리아, 이집트, 파르티아, 마르기아나, 사타기디아, 스키타이 등 9곳을 들고 있다. 이는 부조에서 포승줄로 묶여 잡혀가는 9명의 포로들의 숫자와 일치한다. 이상의 다리우스 1세의 전승기념 부조는 세로와 가로가 3×5.5미터의 그리 크지 않은 릴리프에 해당한다. 그 양옆과 아래에 기록된 쐐기문자를 통하여 다리우스 1세 시기의 고대 페르시아 역사 더 나아가 아케메네스조의 진정한 역사를 복원하는데 유용한 자료를 제공하는 의미를 지닌다고 할 수 있다.

하지만 현재 비수툰 다리우스 1세의 전승기념 부조는 가까이에 가서 볼 수 없는 게 흠이다. 조각상이 산 위 높은 곳에 위치한 관계로 여기에 다가설 수 있는 구조물이 없으면 접근할 수 없다. 조각상 앞에 비계가 설치된 것으로 보아 이것을 가까이 가서 볼 수 있는 구조물을 설치하려는 것인지는 몰라도 현재 이 조각상을 가까이서 볼 수 있는 방법은 없다. 나는 이런 상황을 미리 예상은 하고 있었지만 다리우스 1세의 전승기념 부조를 자세히 또는 가까이 볼 수 있는 방법이 없어 훗날을 다시 기약할 수밖에 없었다. 여행에서 한꺼번에 모든 것을 다 이루기는 어렵다. 아쉬운 감을 달래며 나는 비수툰 경내에 있는 다른 조각상으로 발길을 돌렸다.

비수툰에는 다리우스 1세의 전승기념 부조 이외에도 다음 두 곳의 조각상을 더 볼 수 있다. 먼저 헤라클레스상은 길이가 1.47미터로 고대 그리스 신화를 대표하는 영웅인 제우스의 아들 헤라클레스를 묘사한 것이다. 이 조각상은 그리스계로 셀레우코스

사진 177 비수툰의 헤라클레스 상

조 시기인 기원전 148년에 안티오코스 5세가 만든 것으로 보이며 헤라클레스상 밑에 사자상이 어렴풋하게나마 보이는 것도 특기할 만하다. 이 조각에서

헤라클레스는 곱슬거리는 수염과 머리 형태를 하여 남성다움을 표현하였고 오른손에는 사발을 들며 왼손은 무릎위에 얹은 상태로 있다. 또 왼발 옆에는 커다란 방망이와 그 바로 위에는 올리브 나무와 화살통이 조각되어 있다. 셀레우코스조는 오늘날 페르시아 서쪽에 도시를 건설하여 헬레니즘 문화를 전파시킨 공로가 있는데 비수툰에서 그리스풍의 헤라클레스상을 보게 되는 것도 바로 이런 연유라 생각된다.

발라쉬 조각상은 발라쉬(Balash) 또는 볼로가세스라고 명칭하는 키 180센티의 파르티아 왕을 묘사한 것이다. 조각상 높이는 5.2미터로 조성시기는 기원후 1세기에서 3세기까지로 추정된다. 조각을 자세히 살펴보면 발라쉬는 치마형태의 다소 단순해 보이는 옷에 목걸이를 차고 허리에는 구슬모양의 허리띠를 찼다. 또 긴 머리카락은 스누드(snood)로 단정히 처리하였다. 스누드는 머리카락을 묶을 때에 쓰는 가는 끈이나 머리띠 혹은 머리 망을 말하는데 이 스누드의 있고 없음으로 파르티안 조각을 판별하는 한 기준이 된다. 발라쉬는 서서 한손에 그릇을 들고 있고 또 한손에는 통이 길쭉한 형태의 난로에 무언가를 쏟는 듯한 자세를 취하고 있다. 파르티아인은 고구려 무용총에서 보는 것과 같이 뒤를 보며 화살을 쏘는 기법으로 유명한 파르티안 샷의 주인공이다. 이런 파르티아인의 유적을 비수툰 한 구석에서 본다는 것은

사진 178 비수툰의 발라쉬 부조

비수툰 답사의 또 다른 묘미이기도 하다. 이제 케르만샤의 일정을 끝내고 케르만샤의 외곽에 있는 칸가바르로 떠나본다.

칸가바르의 아나히타 사원 유적

칸가바르(Kangavar)는 케르만샤에서 하마단 가는 길의 중간 지점에 있는 도시로 아나히타 사원 유적은 이 도시의 시내에 있어 찾아가기가 비교적 쉽다. 아나히타는 고대 페르시아에 있어 물과 다산, 미의 여신으로 알려지고 있는데

사진 179 칸가바르의 아나히타 사원

조로아스터교의 주요 신의 하나로 알려지고 있다. 칸가바르의 아나히타 사원 유적은 220미터의 길이에 210미터 폭을 가진 매우 넓은 면적을 가지고 있다. 유적 입구에 있는 간단한 설명문에는 이 유적을 사원으로 표기하고 있으나 엄격한 의미에서 사원보다는 신전 유적으로 보아야 할 것 같다. 건립시기는 분명하지 않으나 아케메네스조로부터 사산조에 이르기까지 여러 왕조에서 이 사원을 사용하고 재건축을 한 것으로 추정된다.

아나히타 사원은 주변이 평지인 상태에서 가운데가 약간 높은 돈대 형식으로 되어 있는데 여기가 유적의 중심으로 보여 진다. 입구에서 평지로 연결된 지역에는 이곳에서 발굴된 원형 돌기둥과 그것의 사각형 또는 원형 하부 받침대와

사진 180 아나히타 사원 전경

벽면 석재 등 신전을 이루고 있던 각종 건물자재 파편이 모아져 있다. 이곳을 지나 페르세폴리스에서 보는듯한 물론 그보다는 규모가 작지만 돌계단을 올라 중앙 돈대로 올라갔다. 돈대에 올라서니 앞쪽에 시야가 걸릴 것 없이 탁 트인 상태로 저 멀리에 높은 산들이 지나가고 있다. 돈대 최상층에 올라가니 그곳에는 아무런 건물 유적의 흔적도 없었지만 사방이 사각형 구조로 되어 있음을 확인할 수 있다. 서쪽 방향에 모스크가 있고 또 그 주변에 돌기둥이 비교적 많이 남아

있는 것이 보여 그곳으로 가 본다. 그 지점은 유적의 서쪽 경계에 해당되는 데 돈대 하단 쪽의 일직선상으로 배열된 석주 앞에는 배수시설로 보이는 석축 갱도가 보인다. 갱도에서 안쪽으로는 비교적 잘남은 석축과 돌기둥이 있었는데 분위기가 페르세폴리스의 일부분처럼 생각된다.

사진 181 아나히타 사원 유적의 돌 기둥

다시 돈대 주변을 통해 유적의 북쪽 경계선 쪽으로 가 본다. 그곳에는 석재 계단과 돌담의 일부가 비교적 잘 남아 있었다. 북쪽 계단이 그나마 보수되지 않고 옛 모습 그대로 남아 있어서 사원의 본래 모습을 가늠해 볼 수 있다. 북쪽 계단 주위의 석축 담을

사진 182 아나히타 사원의 계단 유구

사진 183 아나히타 사원 중심 구역의 잔해

둘러보고 돈대 동쪽 방향으로 내려왔는데 이곳이 사원 유적 내에서 가장 많은 석축자재가 남아 있는 곳이다. 무너진 채 뒹구는 돌담과 원형 석재 등 각종 석조물로 뒤엉켜 있다. 지름이 1미터쯤 되어 보이는 원형 돌기둥과 그 받침이 가장 많이 눈에 보였고 이어 무너진 돌담 순이다. 돈대 동쪽에서 사원 입구 쪽으로 나가는 방향에는 마치 탑처럼 생긴 무너진 흙더미가 있고 그 뒤편에 돌로 쌓은 담에 2개의 아치형 문이 있으며 또한 우물처럼 생긴 원형 석축도 보인다. 아나히타 사원 유적은 전체적으로 평지에 세워진 방형 석축 구조물이라 할 수 있는데, 이곳에서 나온 유물을 전시하는 박물관이나 진열실이 없고 또 안내판에서 조차 구체적인 설명이 없어 이 사원 유적의 구체적인 모습을 파악하기 어려웠다. 하지만 돌기둥 등에서 헬레니즘의 영향을 받은 점과 아울러 페르시아 자체의 디자인적 요소도 분명히 있었음을 지적하고 싶다.

4. 역대 왕조의 여름 수도였던 하마단

에스더 모르드개 묘와 고대 도시 유적 헤그마타네

하마단(Hamadan)은 하마단 주의 이름이기도 하고 그 주도 이름이기도 하다. 하마단 주는 위로 가즈빈과 잔잔 주와 접하고 아래로는 케르만샤 주 등과 접하고 있는데, 도시의 남쪽에 해발 3,584m 높이의 알반드(Alvand)이 산이 있어 겨울에는 춥지만 여름에는 시원한 곳이다. 때문에 여러 왕조로부터 하마단은 여름수도로서 각광을 받는다. 현재 인구는 약 55만 명이며 도시는 이맘 호

사진 184 하마단 시내 중심가

메이니 광장을 중심으로 방사형 도로가 뻗어 있다. 이 같은 방사형 도로 구조는 파리의 개선문 광장과 구만주국 시기에 건설된 중국 대련의 중산광장에서도 보이는데 하마단에서도 이 같은 도시 설계는 1929년 독일인들의 기술에 의한 바가 크다. 하마단에서 버스로 가즈빈까지는 3시간반 정도 걸리고 잔잔까지는 4시간이 걸리며 테헤란까지는 6시간이 걸린다.

하마단은 이란에서 가장 오래된 도시 중의 하나인데 기원전 7세기에 메디아 왕국의 수도였고 이후 여러 왕조의 여름 수도였다. 때문에 하마단 시내에는 각종 역사 유물과 유적으로 풍부하다. 메디아 왕국 시절에 하마단의 옛 이름은 엑바타나였는데 헤로도토스의 『역사』에서는 악바타나라고 기록되어 있다. 기원전 555년 아케메네스조의 키루스 2세는 메디아 왕국을 멸망시키고 하마단에 여름 수도를 정한다. 아케메네스조는 하마단을 바빌론, 수사, 페르세폴리스와 함께 여름 수도의 하나로 운영한다. 이후 셀레우코스조 때에 아나히타 신전 유적이 많이 파손되었으며 파르티아와 사산조 시대에도 하마단은 여름 수도로서 왕들이 머물렀던 곳이다. 이슬람 세력이 이란에 떨친 이후 하마단은 12세기에 셀주크조의 서쪽 수도로서 잠시 기능을 했으나 티무르조 당시에 극심한 파괴를 당한다. 이후 하마단은 19세기에 들어와 독일인 기술자들의 도시계획 아래에 현대적인 면모로 다시 바뀌게 된다.

다음 코스로 에스더와 모르드개 묘를 찾아가 보자. 에스더와 모르드개 묘(Esther & Mordecai Tom)는 하마단의 시내 중심인 이맘 호메이니 광장에서 사리아티 거리로 가면 있다. 묘는 후대에 유대인들이 에스더와 모르드개를 추모하여 세운 것이지만 뾰족한 첨탑 등 현재의 건물은 14세기에 이슬람 양식에

사진 185 하마단의 에스더와 모르드개 묘

따라 지은 것이다. 무덤 안에 들어가려면 자물쇠로 채워진 육중한 돌문을 열고 들어가야 하며 안에 들어가면 융단으로 감싼 에스더와 모르드개의 묘를 볼 수 있다. 에스더와 모르드개 묘의 역사적 연원은 다음과 같다.

기원전 490년 페르시아의 다리우스 1세 왕은 그리스 연합군에게 마라톤 평원에서 패한다. 크세르크세스 1세는 다리우스 1세가 왕이 되고 나서 얻은 첫 번째 아들로 다리우스 1세의 유지를 받들어 다시 그리스를 정벌하러 나선다. 하지만 기원전 480년 살라미스 해전에서 대패한 크세르크세스 1세는 귀국한 뒤에 실의에 빠져 페르세폴리스 건설에 열을 올린다. 또한 첫 번째 왕비를 폐하고 유대인인 에스더를 왕비로 선정하게 된다. 이민족과의 결혼이라는

면에서 이는 후에 알렉산드로스 대왕이 박트리아 출신인 록사네와 결혼하는
전례가 되기도 한다. 크세르크세스 1세는 구약성경에 나오는 에스더서의 아
하수에로의 히브리어 이름이다. 이처럼 크세르크세스 1세가 히브리 이름을
가진 것은 그의 아내인 에스더가 유대인이었기 때문이다. 모르드개는 에스더
의 사촌 오빠 또는 양아버지로 에스더를 양육하였다는 설이 있고, 에스더가
크세르크세스 1세의 왕비가 되자 그도 페르시아의 관리에 채용되었다. 이후
모르드개는 크세르크세르 1세의 암살 음모를 적발하여 왕의 신임을 얻었고
또한 에스더와 함께 페르시아인 고위 관리 하만의 유대인 말살 정책을 저지
하는 등 유대인을 위하여 노력하였다는 설이 전해진다.

사진 186 하마단의 헤그마타네 유적

사진 187 헤그마타네의 트렌치로 오른쪽이 박물관이다.

하마단이 고대도시로서 그 증명을 한다면 바로 헤그마타네 유적이다. 이 유적은 경우에 따라서는 그저 흙으로 이루어진 토담집과 길에 불과하지만 하마단에서 빠트릴 수 없는 유적이 바로 헤그마타네(Hegmataneh)이다. 이 헤그마타네 고대 유적은 40헥타르의 넓은 면적을 가지고 있는데 주변지대보다 약간 높은 언덕 형태로 하마단의 북동쪽에 위치한다. 헤그마타네는 도시계획에 의해 잘짜여진 메디아와 아케메네스조 고대도시의 면모를 볼 수 있다. 헤그마타네는 메디아 왕국의 수도인 엑바타나로 성경에서 말하는 악메다로 알려지고 있다. 메디아 왕조 이후인 아케메네스조, 셀레우코스조, 파르티아, 사산조로 이어지는 기간에도 계속 사용된 것으로 보여 진다.

유적의 북쪽 구간에는 메디아 왕국의 엑바타나 도시 흔적이 잘 남아 있는데 흙담이 마치 바둑판 마냥 격자구조로 질서 정연히 자리잡고 있다. 헤그마타네 어디서든지 하마단 시내와 그 뒤로 멀리에 있는 알반드 산이 잘 보인다. 엑바타나가 고대에 여름 수도로 활용된 이유가 바로 헤그마타네 앞에 선명히 보이는 눈덮힌 알반드 산이 증명한다고 할 수 있다. 엑바타나 흔적인 북쪽 구간 주변 언저리는 아직 발굴이 다 안 된듯 여기저기 파헤친 자국이 남아 있다. 인근의 콘센트 지붕으로 씌운 지역은 이 유적의 중앙 구역으로 안에는 흙벽돌로 지어진 가옥이 많이 밀집되어 있다. 중앙 구역 인근에는 헤그마타네에서 출토된 유물을 전시하는 박물관이 있었으며 그 옆에는 19세기 이래 프랑스 고고학자들이 메디아 고대 도시를 발견하려고 파놓은 트렌치가 보인다.

박물관에는 아케메네스조 시기 건물 기둥의 하부구조를 받치는 플린스가 제일먼저 눈에 띄었는데 둥근 모서리를 따라 쐐기문자를 새겨 넣은 것이 특징이다. 이외에 메디아 시기 도기와 파르티아 시절에 사용된 동전과 도기, 셀주크 시기의 주전자 등 이곳에서 발견된 다양한 유물이 전시되어 있어 헤그마타네 도시 유적을 이해하는데 많은 도움을 준다. 이어서 나는 박물관을 나와 박물관 동쪽에 있는 아르메니안 교회로 가본다. 아르메니안 교회는 두 개가 나란히 있었는데 먼저 보이는 것이 아르메니안 복음주의 교회이고 뒤에 있는 것이 성 스테파노스 그레고리안 아르메니안 교회이다. 안내판에 전자는 1886년에 건립되고 후자는 사파비조인 1676년에 완성된 교회라고 적고 있다. 헤그마타네 유적 안에 이처럼 아르메니안 교회가 있는 것은 유적이 발견되기 훨씬 이전에 교회가 먼저 자리 잡았기 때문일 것이다. 아무튼 성 스테파노스 그레고리안 아르

사진 188 아르메니안 교회

메니안 교회는 흙벽돌 구조와 함께 함석지붕을 가지고 있어서 멀리서 보아도 단아해 보인다. 박물관을 빼놓고 무너진 흙담뿐이어서 볼품은 없지만 그래도 헤그마타네 유적은 고대 하마단을 이해하는데 필수적인 유적이라 할 수 있다.

다음으로 하마단에 알렉산드로스 대왕과 얽힌 설화를 알게 해주는 유적이 있어 일부러 시간을 내어 찾아 나선다. 바로 시레 상기 돌사자상이다. 시레 상기(Shir-e Sangi)라는 말은 돌사자라는 의미로 이 돌사자상은 알렉산드로스 대왕의 명령으로 처음에 건립된다. 알렉산드로스 대왕의 절친한 친구이자 동료였던 헤파이스티온(Hephaestion)이 기원전 324년에 죽자 그를 기념하기 위해 만들어졌다고 한다. 헤파이스티온은 기원전 324년에 수사에서 다리우스 3세의 딸과 결혼했는데 얼마 안 있어 죽었고 알렉산드로스 대왕도 다음해에 죽었다. 헤파이스티온의 죽음에 대해 알렉산드로스 대왕은 이를 매우 비통해 하고 또 그 슬픔을 술로 달래다 결국 술에 의해 열병으로 사망에 이르렀다는 설명이다. 위대한 고대 세계의 정복군주치고는 너무나 허무한 죽음이다.

이런 사연을 가지고 있는 돌사자상은 원래 두 개가 있었는데 고대 하마단의 성문 출입구 한쪽에 놓여져 있었다고 한다. 고대 하마단 사람들은 이 사자상이 사악과 추위, 재난으로부터 하마단을 보호해 준다는 믿음을 가지고 있었다. 사자상은 941년 지여르조의 창시자인 마르더비즈의 명령으로 파괴되어 하나는 없어지고 나머지 하나만 남게 되었으나 그나마도 많이 파손된 상태이다. 이 돌

사진 189 하마단의 시레 상기 돌사자상

사자상는 현재 하마단의 한 공원 안에 있는데 길이는 2.5미터에 높이는 1.2미터로 꽤 큰 사자상에 속한다. 이란에서 돌사자상은 현재 이스파한의 한 다리에서 볼 수 있고 또 이제의 옛 묘에서도 장식된 많은 돌사자상을 볼 수 있다. 사자상은 동서양을 통틀어 '위대함' 또는 '성스러움'을 나타내는 동물로 제왕의 상징이라 할 수 있다. 시례 상기 돌사자상은 알렉산드로스 대왕의 흔적으로서 오늘날 이란에 남은 몇안되는 유물이라는 점에서 높이 평가할 수 있다. 현재 많이 파손된 상태로 자칫 지나칠 수 있는 유물이지만 알렉산드로스 대왕의 숨결을 다시한번 새긴다는 의미에서 뜻깊은 유적이라 할 수 있다.

이슬람 건축물과 옛 다리 그리고 간즈너메

이제 하마단 시내와 그 인근에서 볼 수 있는 이슬람 건축물 두 군데와 옛 다리 한 곳을 살펴보자. 먼저 곤바데 알라비안(Gonbad-e Alavian)은 알라비드 돔이라고도 하며 셀주크 시기인 14세기에 건립된 것이다. 당시 알라비드 가문이 세운 모스크인데 잘 가꾸어진 정원 안에 사각형의 단독건물 형태로 세워져 있다. 건물외부는 벽돌구조로 층층이 세모와 네모의 이슬람 기하학적 무늬가 새겨져 있다. 정문 출입은 계단을 통해 안으로 들어갈 수 있는데 내부는 나무로 된 부채 화살 모양의 천장과 사방이 이슬람 장식으로 꾸며진 벽면이 보인다. 모스크 내부 장식 중에 아라비안 서체인 쿠픽체로 쓰여진 코란 구절은 일한국 시기에 만들어진 것이고 계단을 통해 지하로 내려가야만 이 묘의 중심인 알라

사진 190 하마단의 알라비드 묘

사진 191 하마단의 보르제 고르반

비드 가문의 묘가 보인다. 건물구조가 언뜻 단순해 보이지만 곤바데 알라비안은 하마단이 자랑하는 이슬람 시기 건축물의 하나로 그 가치가 있다고 할 수 있다. 보르제 고르반(Borj-e Ghorban)은 고르반 타워라고도 하는데 얼핏 보면 하박국 묘와 거의 유사한 원추형 묘에 해당한다. 고깔모자 형태의 지붕과 아래는 12면으로 이루어진 흙벽돌 구조로 외형은 매우 단아해 보인다. 건축은 셀주크 시기인 10세기와 11세기 사이에 이루어진 것이며 셀주크의 통치자들이 이곳에 묻혔다고 한다.

하마단에서 남쪽 말레이어로 가는 도로 얼마 안가는 지점에 하마단의 옛 다리인 아브신네(Abshineh)다리가 있다. 이 다리는 흙벽돌 구조로 커다란 아치 세 개로 이루어져 있는데 강물은 현재 두 개의 아치에만 흐르고 있다. 이는 상류에 댐이 건설되어 강물이 많이 차단되었기 때문일 것이다. 어쨌든 다리 밑을 흐르고 있는 강물은 멀리 알반드 산에서 내려오는 강물로 이 다리에서도 알반드산 꼭대기에 남아 있는 눈이 선명하게 잘 보인다. 다만 주변 환경이

비수툰의 옛 다리만큼 정취는 자
아내지 못한다.

사진 192 하마단의 옛 다리

다음으로 간즈너메이다. 간즈너
메(Ganjnameh)는 하마단 시내 중
심에서 서남쪽으로 5km 정도 떨
어진 알반드 산 계곡에 위치하고
있다. 간즈너메는 현지말로 '보물
책' 또는 '보물 서간' 정도로 해석
할 수 있는데 이는 간즈너메 계곡에 아케메네스조의 다리우스 1세와 크세르크

사진 193 하마단의 간즈너메 비문

세스 1세의 비문이 있기 때문이다. 간즈너메 계곡에는 비문 맞은 편에 약 9미터 높이의 폭포가 있다. 하지만 현지의 많은 사람들은 이 비문에 별 관심이 없는 듯 폭포 쪽에만 몰린다. 내가 간즈너메를 찾은 것은 폭포 때문이 아니고 살라미스 해전의 한 당사자이고 페르세폴리스를 완성한 크세르크세스 1세의 비문을 보고 싶었기 때문이다. 실제 이곳의 비문을 찾았을 때에 비문이 조각된 암벽은 생각보다도 그리 크지 않았다. 비문은 폭포에서 내려와 반대 쪽 바위산 방향의 한 바위에 새겨져 있었다. 바위의 재질은 화강암으로 보였고 위아래로 두 곳에 걸쳐 비문이 새겨져 있는데 왼쪽의 조금 높은 곳에 위치한 것은 다리우스 1세의 비문이고 오른쪽 아래는 크세르크세스 1세의 비문이었다. 비문은 바위를 사각형으로 파낸 다음 그 위에 음각으로 고대 페르시아어, 엘람어, 신바빌로니아어의 3단 쐐기문자로 쓰여 있다. 비문의 전체 크기는 가로 290센티에 세로 190센티로 이루어져 있다. 특이한 것은 두 비문 위아래 옆에 모두 5개의 구멍이 뚫려 있는 것이 보여 예전에는 이 비문을 보호하는 차양막이 있었던 것으로 추정된다.

비문은 먼저 조로아스터교의 신인 아후라 마즈다를 찬미하는 것으로 시작하여 두 왕의 혈통을 쓰고 있다. 다리우스 비문에는 아후라 마즈다를 칭송하고 이어 "나는 다리우스 위대한 왕, 왕 중의 왕, 모든

사진 194 간즈너메 산으로 멀리 가운데 폭포가 보인다.

종족의 왕, 광대한 땅을 지배하는 왕, 아케메네스 히스타스페스(Hystaspes)의 아들이다"라고 쓰여 있었다. 이어 오른쪽의 크세르크세스 비문도 먼저 아후라 마즈다를 찬미하고 이어 "나는 크세르크세스 위대한 왕, 왕 중의 왕, 모든 종족의 왕, 끝없는 위대한 땅을 가진 왕, 아케메네스 다리우스의 아들이다"라고 쓰여 있다. 두 비문은 대동소이하나 비수툰의 다리우스 1세의 전승기념 부조에 나오는 내용과 언뜻 비슷하다고 할 수 있다. 이제 하마단 시내의 일정을 모두 끝내고 마지막 남은 것이 하박국 묘이다. 이곳은 하마단에서 꽤 멀리 떨어진 곳에 있다. 자 그곳으로 가보자.

투이세르칸의 하박국 묘

하마단의 남쪽 60Km 지점인 투이세르칸(Tuyserkan)에 구약성서에 나오는 선지자 하박국(Habakkuk)의 묘가 있다. 간즈너메를 보고 난 후에 나는 하박국 묘를 꼭 보아야 하겠다는 신념으로 고산준령인 알반드 산을 넘어 투이세르칸에 가기로 했다. 이 길이 여기서는 지름길이기 때문이다. 하지만 알반드 산은 생각보다 높고 산꼭대기에는 아직 눈이 녹지 않은 채로 남아 있다. 뭐든지 거저 얻는 것은 없다. 대가를 치러야 원하는 것을 얻을 수 있다. 힘들게 알반드 산을 넘으면서 투이세르칸 쪽으로 들어오자 낮은 산자락에는 짙은 갈색을 한 양떼들이 풀을 뜯어 먹고 있었고 또 그 아래 들판에는 누렇게 익은 밀밭이 드넓게 펼쳐 있다. 투이세르칸 시내에 들어오자 하박국 묘는 어렵지 않게 찾을

사진 195 하박국 묘

수 있었다. 하지만 하박국 묘는 예상과는 다르게 고깔모자 형태의 벽돌 건물 한 동의 작은 묘에 불과하였다. 건물 안에는 하박국의 사진과 양탄자로 감싼 사각형 상자가 나타났다. 아마 그의 묘인 듯하였다. 이란에서 보는 예의 묘로 하박국의 무덤보다는 사당에 가까운 이슬람식 건물이었다.

하박국은 기원전 700에서 650년경에 활동한 예언자로 구약성서 하박국서의 저자이기도 하다. 그런데 하박국이 어떻게 이곳에 묻혔을까 궁금하다. 사연은 이렇다. 네부카드네자르 2세(기원전 605~562년) 또는 느부갓네살 2세라고 하는 신바빌로니아의 2대왕이 유다 왕국을 침공하여 그곳 주민을 포로로 잡아와 바빌론에 수감시켰다고 한다. 이후 아케메네스조의 키루스 2세가 바빌론을 해방시키고 이들을 풀어주자 하박국은 엑바타나 곧 하마단에 살다가 죽음에 이르러 이곳 투이세르칸에 매장되었다는 것이다. 보통 하박국은 예언자

중에 악인을 심판하지 않은 야훼 하나님에 대해 이의를 제기한 유일한 예언자로 알려지고 있는데 하박국서에는 이에 대한 답으로 '의인은 그의 믿음으로 말미암아 살리라'라고 답하고 있다. 세계 최초의 고등종교이며 페르시아의 고대 종교인 조로아스터교에서는 이 세상은 선과 악이 싸우는 장소로 사람은 본인의 이성과 의지로 이 중 하나를 선택하여야 한다고 하였다. 조로아스터가 죽은 후에 3천년이 지나면 구세주가 나타나 최후의 심판을 하는데 선을 행한 사람은 천국으로 가지만 악을 행한 사람은 지옥으로 간다고 한다. 세계 4대 종교가 모두 천국과 지옥을 말하고 있다. 세상은 선도 존재하지만 악도 존재한다. 하지만 이 세상을 이끌어 가는 것은 악이 아닌 선이다. 쌀밥 한 공기에 못 씹는 돌은 한 두개에 지나지 않는다. 여행을 예로 들어보자. 어쩌다 여행지에서 못된 자, 자격없는 자와 만난다면 그 여행은 정말 힘들어 진다. 여행은 누구와 어디로 가느냐가 매우 중요하다. 여행에서 기분을 망치지 않기 위해서는 평소 검증된 사람들과 짝을 맺어 여행을 한다면 그 여행은 즐거운 여행이 될 수 있다.

5. 알라무트로 유명한 가즈빈

가즈빈 시내 탐방기

가즈빈(Qazvin)은 가즈빈 주의 이름이기도 하고 가즈빈 주의 주도 이름이기도 하다. 가즈빈 주는 위로 길란 주 등과 접하고 아래로는 하마단 주와 동으로는 테헤란 그리고 서로는 잔잔 주와 접하고 있는 교통의 요지이다. 서쪽에 있는 잔잔과 동쪽에 있는 테헤란과 함께 가즈빈도 북쪽에 엘부르즈 산맥을 안고 있다. 마슐레로 유명한 카스피해 연안의 라슈트를 가기 위해서는 이 엘부르즈 산맥을 넘어 네 시간 이상 차를 타고 가야 한다. 가즈빈은 3세기 사산조의 샤푸르 1세에 의해 건설되기 시작하여 16세기 사파비조의 수도로 전성기를 누

사진 196 가즈빈 테헤란 게이트

렸으나 이후에 수도는 이스파한으로 옮겨간다. 가즈빈의 인구는 약 35만 명으로 곡물, 포도 등 농산물의 집산지로 유명하며 또 테헤란으로 통하는 교통의 요지로 발전한다. 가즈빈에서 가장 가볼만한 곳은 이맘자데 호세인 모스크와 저메 모스크 그리고 체헬 소툰

사진 197 가즈빈의 이맘자데 호세인 모스크 정문

과 함께 가즈빈 박물관, 바자르 등이 있다.

　가즈빈 시내에서 가장 유명한 모스크 두 곳을 우선 방문하기로 한다. 이맘자데 호세인 모스크와 저메 모스크이다. 먼저 이맘자데 호세인(Imamazadeh Hossein) 모스크는 816년에 죽은 12이맘파의 8대 이맘인 이맘 레자의 아들을 추모하기 위해 지어진 사원으로 알려지고 있다. 이 사원은 가즈빈 시내에서 가장 볼 만한 건축물의 하나로 시내 중심에서 약간 떨어진 저메 모스크 근방에 있다. 모스크 입구에는 6개의 미나레트가 하늘로 향하고 있는데 미나레트 모두 청색 계열의 타일로 이슬람 꽃무늬 문양과 함께 부착되어 있었다. 멀리서 보아도 휜히 잘 보일정도로 이 6개의 미나레트는 이 사원을 특색있게 꾸며준다. 미나레트로 장식된 정문 양쪽에는 이란의 전현직 최고지도자인 호메이니와 하메네이의 사진이 걸려있다.

사원의 중심축인 청색 돔 앞에는 8각 모양으로 된 작은 건물 안에 분수대 모양의 손을 씻는 장소가 있다. 모스크 안에 들어가기 전에 몸과 마음을 씻는 장소로 이슬람 건축에서는 필수적인 장소라 생각된다. 손씻는 장소로 사용된 이 건물은 8개의 돌 기둥에다 그 위는 벽돌로 쌓았고 지붕은 함석으로 마감했는데 벽면을 온통 금색으로 입혀 뒤쪽 푸른색 돔과 대조를 이루게 하였다. 사원의 중심은 사각형 건물에 각 면을 청색 타일로 마감한 중앙 건물로 앞면에는 6개의 나무기둥이 장식되어 있다. 기둥 뒤에는 반짝이는 거울을 붙이어 반사되게 하였으며 지붕으로 올라가는 벽면에는 역시 예의 푸른색 타일과 함께 꽃 무늬 장식이 있고 마지막 천장은 돔으로 구성하여 하늘을 향하고 있다. 돔에도 역시 푸른색 타일을 붙여 산뜻한 느낌을 주고 있으며 이 건물은 카자르조 시기에 건축된 것으로 알려지고 있다.

사진 198 이맘자데 호세인 모스크 내부

사진 199 가즈빈의 저메 모스크 정문

다음 방문지인 저메 모스크는 이맘자데 호세인 모스크와 대각을 이루는 그리 멀지 않은 곳에 있는데 정문 출입구는 좌우 날개를 이어붙인 듯한 구조를 가지고 있다. 정문을 통해 안으로 들어가면 다시 두 번째 문이 나오고 이어 널직한 뜰이 나온다. 사각형 뜰에는 두 개의 미나레트를 가진 회랑식 건물이 우측에 자리하고 있고 좌측에는 푸른색 돔을 가진 모스크가 서 있다. 저메 모스크는 모두 동서남북 네군데의 베란다와 지하저장고 등 8곳으로 그 구역을 나눌 수 있다. 출입문은 청색 타일로 붙인 이슬람 문양과 출입구 상단에 장식된 코발트 색의 벌집모양 구조

등으로 두 번째 문이 저메 모스크 내에서는 가장 아름다운 장소라고 할 수 있다. 저메 모스크가 세워진 자리는 본래 불의 신전이 있던 곳으로 이 저메 모스크는 이란에서 가장 오래된 모스크의 하나로 807년에 세워진 건축물에 해당한다.

사진 200 저메 모스크 인근의 또다른 모스크

이제 모스크 방문을 마치고 체헬 소툰과 박물관에 나서기로 한다. 우선 가즈빈 체헬 소툰이다. 체헬 소툰은 가즈빈 바자르 인근의 시내 중심가에 위치하고 있다. 체헬 소툰은 40개의 기둥이라는 뜻으로 이 체헬 소툰은 이스파한에도 같은 이름을 가진 건물이 있다. 가즈빈 체헬 소툰은 사파비조 시대에 있어 가장 중요한 건물의 하나로 사파비조의 제2대 왕인 타흐마습(1524~1576년)의 궁전 건축물에 해당한다. 사파비조는 타흐마습의 아버지인 이스마일에 의해 타브리즈를 수도로 나라를 세웠으나 타흐마습은 오스만 터키의 침입 등 보다 안전한 지역으로 옮기고자 이곳 가즈빈으로 천도하였다. 하지만 타흐마습의 손자인 압바스가 왕위를 이어

사진 201 가즈빈 체헬 소툰

받아 자신의 왕권을 강화하고자 다시 이스파한으로 옮겨간다. 이스파한은 압바스왕의 지도아래 새로운 수도로서 각종 건물을 짓게 되는데 오늘날 남아있는 이스파한의 아름다운 건물들은 바로 이 시기에 건축된 것이다.

체헬 소툰은 그 말이 의미하듯 1층과 2층에 많은 기둥으로 세워진 건물이다. 1층에는 양면이 약간 깎인 듯이 굽어있었고 기둥은 타일로 마감처리 되었으며 기둥 사이의 공간은 아치 형태를 이루고 있다. 2층은 10개 이상되는 나무 기둥에 유리로 된 창문이 중앙과 좌우 등 세 곳으로 나뉘어 있다. 1층 실내로 들어가면 천장은 예의 벌집모양 구조를 이루며 각종 꽃무늬 장식을 그려 넣었다. 1층 한 가운데는 욕조 비슷하게 사각형으로 된 대리석 구조물이 앉아 있었고 각 벽면에는 박락된 이슬람식 그림이 어렴풋이 보이고 있다. 가즈빈 체헬 소툰은 가즈빈 시내 중심에 공원처럼 꾸며져 있어 누구나 찾아 가기 쉬운 사파비조 시대의 대표적인 궁전 건축물에 해당한다고 할 수 있다.

체헬 소툰에 인접한 가즈빈 박물관은 가즈빈에서 출토된 각종 유물로 가득하다. 특히 박물관에서 가장 눈에 띄는 것은 대리석으로 된 수메르 시기의 사람 조각상이다. 이것은 기원전 3000년 시기에 만들어진 것으로 현재 파손된 상태이지만 원래 높이는 81센티에 다다른 모습을 하고 있었다. 하지만 지금은 파손되어 27센티만 남아 있을 뿐이다. 수메르인 조각상은 코와 손이 깨진 상태이지만 긴 수염에 투구를 쓴듯한 머리 형태 등은 수메르 시기 조각상에서 나타나는 특징을 보여주고 있다. 이외에도 박물관에서는 선사시대부터 이슬람 시기까지의 청동제 도구나 도자기 등 각종 기물을 만날 수 있어 가즈빈의 역사를 이해하는데 많은 도움을 준다.

이란 최고의 자연경관을 가진 알라무트 성을 찾아서

가즈빈에서 가장 유명하고 이란에서 손꼽히는 자연환경을 가지고 있는 알라무트 계곡으로 이제 떠나보자. 알라무트 계곡의 여정은 사람에 따라 다양하겠지만 알라무트에서 가장 핵심을 이루는 곳인 람베사르(Lambesar) 성과 알라무트(Alamut) 성을 찾아 가기로 한다. 이 여정은 자동차로 움직인다하여도 매우 긴 거리를 가는 만큼 아침 일찍 출발하여야 한다.

가즈빈 시내에서 차를 탄지 얼마 안되어 필자를 태운 차는 알라무트가 있는 엘부르즈 산중 입구에 다다른다. 차는 산자락을 따라 꼬불꼬불 난 길을 빙빙 돌아간다. 길가에는 노랑과 빨강으로 물든 이름 모를 꽃들이 나를 반기는 듯 활짝 피어있다. 저 멀리 높은 산에는 아직 녹지 않은 눈들로 나의 시선을 뺏고 있다. 알라무트로 가는 산들은 그야말로 산넘어 산으로 가도가도 끝없이 연결되어 있다. 큰 산맥을 하나 넘자 처음 보이는 마을에서 차는 방향을 꺾었다. 바로 람베사르 성으로 들어가는 길이다. 산중의 첫 마을은 이름을 라즈미얀 마을이라고 부르는데 이런 첩첩산중에도 마을이 형성되어 있으리라고는 생각도 못했다. 마을 주변 거대한 산에서 내려오는 강물은 흙탕물을 튀기며 아래로 흘

사진 202 람베사르 성 입구임을 알려주는 표지석

사진 203 람베사르 성 정면

러가고 있다. 다시 오르막길을 통해 산으로 들어가자 눈앞에 보이는 것은 키작은 나무들만 듬성듬성 보이는 민둥산뿐이다. 이처럼 민둥산들과 한참 눈씨름을 한 끝에 람베사르 성의 입구임을 알려주는 표지판을 발견하게 된다.

람베사르 성으로 들어 가기위해서는 큰 길에다 차를 받쳐놓고 오솔길을 따라 한참 걸어가야 한다. 람베사르 성으로 가는 길은 그야말로 멀고 험난하다. 람베사르 성이 위치한 지역은 고산준령으로 산속중의 산속에 해당한다. 산자락에 간신히 붙어 있는 오솔길을 한참 가니 람베사르 성이 보이기 시작한다. 이 성이 위치한 지역은 앞에는 거대한 산이 버티고 있고 그 옆과 앞은 낭떠러

지처럼 산이 갑자기 끊긴 지형이어서 그야말로 천혜의 요새와 같았다. 여기저기 무너진 돌 가운데 람베사르 성이 드디어 나타났다. 람베사르 성은 많이 무너져 있었지만 산의 맨 끝자락에 남아 있는 보루는 원래의 모습을 가늠할 수 있을 정도로 비교적 많이 남아 있다. 성벽은 이곳에서 흔하게 구할 수 있는 갈색 돌로 층층이 쌓았고 성벽 내부에는 성으로 들어 갈 수 있는 출입문과 가옥, 저장 창고 등을 만들어 놓았다. 성벽의 돌과 돌 사이는 회반죽을 이겨 넣어 단단히 고정하였다. 성의 가장 높은 곳에 올라 보니 사방이 높은 산으로 둘러쌓여 있고 저 멀리 라즈미얀 마을에서 내려오는 강물이 흙물을 품으며 내려가는 모습이 아련히 보인다. 람베사르 성은 삼면이 낭떨어지이고 오직 한쪽 면만이

사진 204 높은 산악 지역에 위치한 람베사르 성

사진 205 알라무트 성으로 가는 도중의 밀밭

작은 산길로 연결되는 천연의 요새임을 확인할 수 있었다.

　람베사르 성을 내려와 다음 행선지인 알라무트 성으로 향한다. 가는 길에는 대부분 넓은 들판들로 이어졌고 들판에는 밀밭이 대부분이다. 초원의 녹색 밀밭은 바람이 세게 불어와 한쪽으로 눕거나 일어선 모양을 하고 있다. 그런 밀밭 뒤의 저 멀리에는 아직 녹지 않는 눈이 그대로 남아 있는 높은 산들이 위용을 자랑하고 있다. 저 멀리 산자락에는 갈색 털을 한 양떼들이 듬성듬성 무리지어 풀을 뜯어 먹고 있는 모습도 보인다. 이렇게 한참을 달려오니 드디어 알라무트 성이 8km 남았다는 이정표가 보인다. 또한 하산 사바흐(Hassan Sabbah) 성이라고 표기한 이정표도 보인다. 같은 지역을 말하는 다른 표기이다. 이 표지판을

사진 206 알라무트 성 표지석

중심으로 방향을 틀면 알라무트 성이 나온다. 이정표에서 보여준 만큼의 거리에 당도하자 내 눈앞에는 거대한 갈색 암벽이 나오고 그 위에 붙어 있는 조그마한 건물이 보인다. 그것이 바로 오늘 내가 가고자 하는 알라무트 성이었다. 좀더 가까이 가보니 가조르칸이라는 표지판이 나와 이곳이 가조르칸 계곡임을 알 수 있다.

알라무트 성으로 올라가는 계단의 입구에서 보니 알라무트가 위치한 산은 그야말로 하늘에 붕떠있는 하늘집 같았고 옆에 난 길에서 보니 산은 독수리 모양을 하고 있다. 급한 마음을 가라앉히고 수많은 계단을 통해 알라무트 성까

사진 207 저 멀리 바위산 꼭대기에 알라무트 성이 보인다.

사진 208 독수리 모양을 한 알라무트 산

지 올라가 본다. 저 멀리 이 일대에서 가장 높이 솟은 설산을 배경으로 알라무트 성이 자리잡고 있는 것이 보인다. 고된 발걸음 끝에 알라무트 성의 출입구에 당도한다. 알라무트는 '독수리 둥지'라는 말로 알라무트 성은 해발 2,100m 알라무트 산에 위치한다. 알라무트 성으로 들어가는 첫 관문은 돌담과 나무로 된 비교적 단순한 문이었고 셀주크 시기에 건축되었다. 이 문을 통과하여야 하고 다시 계단을 통해 올라가야만 알라무트 성에서 가장 높은 지역의 구조를 한눈에 볼 수 있다. 특이한 점은 첫 관문이 있는 지역을 아래 성이라하고 두 번째 문을 통해 들어가는 지역은 윗성으로 알라무트 성은 이중의 방어 구조를 가지고 있다는 것이다. 두 번째 문은 알라무트 성의 중심 문으로 셀주크와 사파비드 시기에 이스마일파가 지었다. 두 번 째문을 지나자 회반죽을 하여 벽돌과 벽돌 사이를 메운 건물 유구가 나왔는데 이것들은 모스크 유적이다.

　알라무트 성의 정상은 면적이 생각보다 그렇게 넓지는 않았지만 주변일대를 전부 통제할 수 있을 정도로 전망이 좋았다. 산 아래에 보이는 가조르칸 계곡 주변에 앉은 작은 마을은 하얀색 함석 지붕들로 일색을 이루어 보기가 좋았다. 알라무트 성의 정상에는 물 저장고가 땅바닥에 크게 판 것이 눈에 띄었는데 이는 이스마일파가 여기서 생활하며 외부의 지원없이 독자 생존하려는 의도로 파악된다. 알라무트 성이 자리잡고 있는 산은 현지에서 칼아이 구주르 칸이라고도 한다. 모양새로 보면 알라무트 성은 중국 환인에 있는 오녀산성과 비교될 수 있을 정도로 산중의 요새라고 할 수 있다. 오녀산성도 사방이 모두 절벽이며

사진 209 알라무트 성 내부의 건축 유구

사진 210 높은 산악지역에 위치한 알라무트 성

오직 한쪽만이 계단을 통해 올라갈 수 있다는 점에서 이 알라무트 성과 비견된다. 따라서 알라무트 성을 보니 의외로 오녀산성의 성격도 금방 파악이 된다. 오녀산성은 알라무트 성처럼 요새이지 한 나라의 수도가 될 수 없는 지형을 가지고 있다. 따라서 오녀산성이 고구려의 초기 수도라는 견해는 재고되어야 한다.

사진 211 알라무트 성의 건물 잔해

이제 알라무트 성의 유래에 대해 살펴보자. 알라무트 성은 본래 이슬람 이

사진 212 멀리 설산이 보이는 알라무트 성

사진 213 알라무트 성 아래에 있는 마을

스마일리 파의 근거지가 있었던 곳이다. 이스마일리 파는 제7대 이맘인 이스마일이 구세주로 이 세상에 다시 나타날 것을 믿는 시아파의 일파로 '암살자단'이라는 이름으로 더 잘 알려지고 있다. 마르코 폴로의 『동방견문록』에는 알라무트 성을 지휘하던 사람을 '알라오딘'이라 하였는데 이는 이스마일리 파를 지도하던 알라 웃 딘 무함마드를 가리킨다고 할 수 있다. 그는 1255년 부하에게 피살당하였는데 그의 아들인 루큰 웃딘이 1256년 몽골 훌라구에게 항복하였고 알라무트 성은 이때 파괴당하였다고 한다. 한편 루큰 웃 딘은 훌라구의 권유로 몽골을 방문하다 자신도 암살당하고 마는 역사를 가지고 있다. 이런 유래를 가지고 있는 알라무트 성을 모두 둘러보며 또 하루의 일정을 끝낸다.

6. 타흐테 술레이만으로 가는 거점 도시 잔잔

잔잔 시와 타흐테 술레이만

북쪽에 엘부르즈 산맥을 이고 있는 잔잔(Zanjan) 주는 동쪽으로 가즈빈 주와 북으로 길란 주, 서쪽으로 동 아제르바이잔 주 및 서 아제르바이잔 주, 남으로 하마단 주 등과 연결되어 있다. 잔잔 주의 주도인 잔잔은 테헤란에서 북서쪽으로 약 300km 떨어져 있고 카스피 해까지는 북으로 약 125km 떨어진 인구 40만의 도시에 해당한다. 잔잔 시는 테헤란에서 타브리즈까지 연결되는 고속도로의 연변에 있어 교통은 매우 편리하다. 잔잔 시내는 황금색으로 빛나는 호세인니예 모스크와 푸른 색 미나레트를 자랑하는 저메 모스크 그리고 온갖 물건으로 가득 찬 바자르가 유명하다. 잔잔 외곽에서는 둘 다 세계문화유산인 타흐테 술레이만과 술타니예 돔이 가장 잘 알려져 있다.

그럼 먼저 타흐테 술레이만을 찾아가 보자. 타흐테 술레이만(Takht-e Soleyman)은 행정적으로 서 아제르바

사진 214 잔잔 시내의 황금 모스크

이잔 주의 타캅(Takab) 근교에 있지만 잔잔 시내에서 출발하는 것이 가장 편리하여 잔잔의 한 여행지로 소개하고자 한다. 잔잔에서 타흐테 술레이만까지 가는 길은 멀고 험하지만 도로 양옆에 펼쳐지는 산과 들은 장관이다. 굽이굽이난 산길을 한참 가다보면 저 멀리에 아직 눈이 녹지 않은 산들과 또 붉은색으로 치

사진 215 잔잔 시내 중심가의 모스크

사진 216 잔잔 시내의 한 로터리

236 이란 페르시아 문화 기행

장한 거대한 산맥(Qareh Bolagh)이 나오고 이어 수줍은 듯 타흐테 술레이만은 길가에 나타난다. 타흐테 술레이만도 그렇지만 그곳까지 가는 여정의 면면이 아름다워 나를 더욱 설레게 한다. 타흐테 술레이만은 고구려 산성같다. 끝이 뾰족한 돌로 된 견치석 상태의 외벽은 마치 요동반도에 남아 있는 고구려 낭랑성

사진 217 타흐테 술레이만 성 전경

산성과도 같았다. 타흐테 술레이만은 남쪽과 북쪽 그리고 동쪽에 돌로 쌓은 출입문이 있고 또 둥그렇게 둘러싼 외벽에는 바깥으로 돌출한 치가 존재한다. 치는 적이 성벽에 접근하면 성안에서 방어하기 쉽도록 성벽 밖으로 돌출한 부분인데 고구려 산성에 발달한 치를 여기서 보다니 정말 꿈만 같았다. 치도 한두개가 아니고 외벽 모두 일정한 간격을 두고 설치되어 있었다. 나는 타흐테 술레이만 외벽을 한 번에 조망하기 위해 맞은 편 산에 올라가 보았다. 성은 전체적으로 둥근 모습을 하고 있었는데 성 한가운데 있는 호수는 진주처럼 밝게 빛나고 있었다. 타흐테 술레이만은 엄밀한 의미에서 사방이 산으로 둘러쌓인 곳에 자리잡은 평지성이라 할 수 있다.

사진 218 타흐테 술레이만 성의 외벽

사진 219 치가 보이는 타흐테 술레이만 성

사진 220 외면석이 빠져나간 상태의 타흐테 술레이만 성

사진 221 복원된 구간의 타흐테 술레이만

타흐테 술레이만은 현지어로 '솔로몬의 옥좌'라는 의미를 가지고 있는데 조로아스터교를 국교로 정한 사산조에 있어서는 일종의 성지로 여겨졌다. 타흐테 술레이만의 보물은 뭐니뭐니해도 성안 한가운데 있는 호수라 할 수 있다. 호수는 직경이 약 100미터에 이르고 수심도 깊은 휴화산 호수이다. 이

사진 222 타흐테 술레이만의 진주인 성안의 호수

사진 223 타흐테 술레이만 성의 내부

호수를 중심으로 사산조 시대에 만들어진
아나히타 사원이나 일한국 시대에 건설된
궁전유적도 포진한다. 타흐테 술레이만에
서 조로아스터교 유적으로는 불의 신전을
찾아 볼 수 있다. 사산조 시대의 왕들은 이
곳 불의 신전에 와서 경배를 올렸고 불의
신전 건축 기술은 이후 이슬람 건축에 많
은 영향을 끼친다. 이외에 타흐테 술레이만

사진 224 타흐테 술레이만의 불의 사원

에서는 기원전 5세기 유물로부터 파르티아 시기의 주거 유적과 사산조 시기의
동전 그리고 비잔틴제국 시기의 동전 등도 발견된다. 일한국 시기인 13세기에는
궁전을 건축하여 왕들의 여름 휴양지로 이용되기도 하였다. 타흐테 술레이만은

사진 225 긴 터널이 인상적인 유구   **사진 226** 타흐테 술레이만의 원형 기둥 유구

17개 구역으로 세분할 수 있는데, 이 구역 안에는 현재 사산조와 일한국 시기에 조성된 유적이 가장 많이 남아 있다. 가장 바깥 쪽을 감싸고 있는 외벽과 남동문, 북문, 불의 사원, 아나히타 사원 등은 사산조 시기에 만들어졌고 남문, 호수 서편 의 건축 지구, 목욕탕 유구 등은 일한국 시기에 건설된 것이다. 각 구역에서 나온 유물들은 성 안에 있는 박물관에 진열되어 있어 타흐테 술레이만을 이해하는데 많은 도움을 준다. 이란의 대표적인 조로아스터교 유적인 타흐테 술레이만은 그 역사적 중요성으로 인해 2003년도에 유네스코 세계문화유산에 등록된 바 있다.

술타니예 돔과 다쉬 카산 사원 유적

술타니예 돔(Sultaniyeh Dome)은 잔잔의 동쪽 외곽에 있는 작은 마을인 술 타니예라는 곳에 위치하고 있는데 이곳은 이란에서 보기 드물게 대평원을 이 루고 있는 지역이다. 술타니예 돔은 일한국 시기인 1302년부터 1312년에 걸쳐 건설된 것으로 일한국의 제8대 왕인 올제이투의 영묘로 알려지고 있다. 술타니예 돔은 13세기와 14세기 일한국이 자랑하는 건물로 오늘날 많이 파괴된 상태이지만 당시 이슬람 세계를 대표하는 최고의 영묘 건축물로서 그 가치를 인정받아 2005년 유네스코 세계문화유산에 등재되었다.

술타니예 돔이 건설된 배경은 일한국의 제2대 왕인 아바카가 이란에서 몽골 초원처럼 드넓은 평원을 찾던 중에 이곳을 발견하여 자리를 잡게 되고 이후 역대 왕들의 여름 야영지로 각광을 받게 되었다고 한다. 말에게 먹이를 먹일 풍부한 초지가 술타니예 돔 주변에 많았고 또한 매 사냥 등 수렵할 수 있는 조건의 좋은 장소가 많았기 때문이다. 때문에 제4대 왕인 아르군은 이곳에 아예 신도시를 건설하여 일한국의 수도였던 타브리즈에 필적하는 새로운 도시 건설을 구상하였고 술타니예 돔 바로 인근에 자신의 묘를 조성하기도 하였다.

사진 227 청색 지붕이 인상적인 술타니예 돔

사진 228 술타니예 돔의 아치형 구조

술타니예 돔이 위치한 지역은 이란의 동서남북을 잇는 교역의 중심지로 술타니예는 일한국의 준수도로 번영했으나 이후 그들의 멸망과 함께 쇄락하게 된다.

술타니예 돔은 본체 팔각 외벽에 흙벽돌 구조로 하단이 좀더 크고 상단이 작은 이중건축 양식을 지닌다. 상단 본체 위에 자리잡고 있는 돔은 청색 타일로 외부를 마감하여 멀리서도 눈에 띄는 등 이 건물의 특징으로 자리 잡는다. 돔의 직경은 25.5미터로 그 크기를 자랑하며 돔 주위 사방에는 8개의 미나레트가 하늘을 찢을 듯 위로 향하고 있다. 1층 실내에는 이슬람 문양 장식으로 내부가 치장되어 있고 지하로 내려가는 방과 함께 2층으로 올라가는 계단도 함께 꾸며져 있다. 나선형 계단을 한참 올라가다보면 테라스가 넓게 둘러친 복도 층이 나온다. 이곳이 술타니예 돔의 중심지역이다. 테라스 층에 올라서면 사방이 한눈에 들어오는데 과연 일한국의 왕들이 탐낼 정도로 주변일대가 일망무제로 이루어진 대초원이었다. 몽골 초원처럼 드넓고 저 멀리 먼 곳의 산들만 가느다랗게 보인다. 테라스 층은 밖을 바라보는 장소로도 유명하지만 그 벽면을 이루고 있는 장식도 건물 내에서는 가장 화려하고 아름다운 곳이다. 테라스 천장에는 각종 기하학적 문양은 물론 별이나 꽃무늬가 화려한 이슬람 장식으로 꽉 채워져 있다. 테라스를 돌며 사방의 벽면에 새겨진 문양을 감상하거나 바깥의 탁틔인 대지를 바라보며 시원한 초원 바람을 맞으면 가슴속의 묵은 때가 다 씻기어질 정도이다. 이렇게 술타니예 돔의 안팎을 돌아보며 마지막 일정으로 나는 돔에서 약간 떨어진 건축 유구를 돌아보았다. 오늘날 남은 술타니예 돔은 본체 건물의 한 동만 달랑 남은 외로운 모습을 하고 있지만 일한국 조성 당시에는 건축 유구에서 보는 것처럼 각종 부속건물과 시설물로 꽉 들어차 매우 웅장하였을 것이다. 이런 아쉬운 상념에 빠지면서 나는 술타니예 돔의 일정을 모두 마무리하였다.

다음으로 택시기사는 필자를 다쉬 카산 사원 유적으로 안내한다. 다쉬 카산 (Dash Kasan) 사원 유적은 잔잔 시내로부터 51km 지점과 술타니예 돔으로부터는 15km 떨어진 곳에 있는데 멀리서 보면 마치 산 한가운데를 파낸 돌 광산처럼 보인다. 다쉬 카산 유적은 '용의 사원'으로 잘 알려지고 있는데 이는 유적 안에 용을 형상화한 조각이 있기 때문이다. 용의 사원이 앉은 산은 전체적으로 높지는 않았지만 안으로 들어오면 금방 바위로 된 산임을 알 수 있다. 사원 입구에는 각종 이슬람 문양을 장식한 건물 파편이 길게 늘어서 있다. 사원을 이루고 있는 바닥 면은 돌이 마치 주상절리된 듯 조각조각 나뉘어져 있다.

좀 더 안으로 들어오자 용 조각은 양쪽 면에 양각으로 바위에 생동감이 있게 조각되어 있다. 사원 맨 끝은 반원형으로 파여 있었는데 바닥에는 관을 놓아두었던 형상이 보인다. 용조각은 몽골족인

사진 229 다쉬 카산 사원 유적의 원경

일한국 시기에 만들어진 것으로 추정된다. 일한국의 4대 왕인 아르군이 술타니예 신도시를 건설하며 그 주변인 이곳에 자신의 묘를 세웠기 때문이다. 다쉬 카산 사원 유적은 이란에서 좀처럼 보기 어려운 용조각 사례에 해당한다. 이는 일한국의 지배자가 중국의 영향을 받았기 때문일 것이다. 얼핏 보면 다쉬 카산 사원 유적은 채굴하다 말은 광산과도 같았지만 술타니예 돔 주변에서 일한국 시기의 유적을 어렵지 않게 확인할 수 있다는 점에서 이 유적은 의의를 가진다 하겠다. 아울러 드넓게 펼쳐지는 들판에 피어있는 각양각색의 들꽃과 초록빛 밀밭을 보면서 이 사원 유적을 관람하는 재미는 또 다른 묘미거리에 해당한다.

7. 마슐레가 있는 라슈트

라슈트에 하루 묶으며 마슐레를 찾아가다

길란 주는 아래로 잔잔 주와 가
즈빈 주와 접하고 위로는 카스피
해와 접한 주이다. 라슈트(Rasht)
는 길란 주의 주도로 인구는 60만
명을 넘는다. 라슈트는 테헤란에
서 버스로 5시간 거리에 있고 타
브리즈에서는 10시간 넘게 걸린
다. 라슈트가 있는 길란 주는 남쪽

사진 230 라슈트를 대표하는 사하르다리 건물

의 엘부르즈 산맥과 북쪽 카스피 해 사이의 넓은 분지에 형성되어 있어 온난
습윤한 기후로 쌀과 차의 재배가 성하다. 외항으로는 반다르에 안잘리 항구가
있고 국제습지 보호협약인 람사르 협약으로 유명한 람사르도 비록 마잔다란
주에 속하고 있지만 라슈트에서 가깝다. 배후에 있는 천혜의 카스피 해와 인근
에 있는 마슐레 등의 영향으로 라슈트는 관광업이 발달하고 있다.

라슈트에서 명동거리라고 할 수 있는 사하르다리 광장을 중심으로 한 이맘
호메이니 거리는 라슈트 바자르가 있어 많은 사람들로 붐빈다. 라슈트 명동거

사진 231 라슈트의 쿠축 칸 동상

리에는 이 고장의 특색인 듯한 노란 호박을 들고 사람들에게 권하는 할머니상과 아기를 등에 업은 아주머니상 또 망치로 뭔가를 두드리는 대장간의 할아버지상 등 다양한 조형물이 사람의 눈길을 끈다. 휴일을 맞은 라슈트 거리에는 가족단위로 여가를 즐기려는 사람들이 많이 나와 사진을 찍거나 물건을 사는 등 평화로운 모습을 연출하고 있다. 사람들의 모습에서 여유롭고 넉넉한 인심을 읽을 수 있는데 이는 라슈트가 카스피 해 연안에 있어 관광과 농수산물이 풍부한 부유의 도시 덕이라고 생각된다. 라슈트 명동거리에서 그 핵심은 단연 사하르다리와 쿠축 칸 (Kuchuk)의 동상이다. 사하르다리는 라슈트를 상징하는 근대식 건축물로 건물 가운데는 시계탑이 걸려 있는 타워가 있고 양옆에는 반원형으로 돌출된 구조를 하고 있다. 또 1층과 2층에 아치형으로 수많은 창문을 가지고 있는 건물로 하얀색이 돋보인다. 사하르다리 건물 인근에 있는 쿠축 칸 동상은 다음과 같은 사연을 가지고 있다. 제1차 세계대전의 와중인 1917년에 영국과 러시아는 이란에 그 세력을 강화하였는데 무장 혁명단체인 장갈리(Jangali)는 길란 주에서 쿠축 칸의 영도 아래 권력을 잡게 된다. 1920년에 소비에트화한 소련은 장갈리와 함께 길란에서 '길란 사회주의 소비에트 공화국'을 선포한다. 하지만 이란 중앙정부에 레자 칸이 등장하여 이를 무력화시키고 쿠축 칸은 처형되고 만다. 라슈트 시는 길란 주에 자신의 영역을 구축한 쿠축 칸을 기리기 위해 이렇게 시내 광장에 말을 탄 조각상을 세우게 된다.

필자가 라슈트에 온 것도 사실은 마슐레에 가기 위해서 이다. 그래서 라슈트 시내에서 하루 밤을 묶은 필자는 다음날 아침 일찍 마슐레를 보기 위해 나섰다. 마슐레는 라슈트 시내에서 차로 1시간 반 이상 가야하는 먼 거리에 있다. 마슐레는 이란에서 가장 아름다운 옛 마을의 하나이기 때문에 그냥 스쳐 지나갈 수가 없다. 마을 형성이 적어도 천년이상 거슬러 올라간다는 마슐레는 다양하고 다채로운 집들로 가득하여 아름답고 정취가 넘쳐흐른다. 마슐레는 유네스코로부터 자연환경 보호구역 프로젝트의 지원을 받고 있으며, 마슐레의 인문적 성격은 커다란 산자락에 자연스럽게 형성된 이란의 옛 마을이라 할 수 있다. 마슐레 마을을 자세히 보면 노란색 벽면을 한 집들이 여러 갈래 길들에 나누어져 층

사진 232 마슐레 마을 전경

사진 233 노란색 집들로 특색있는 마슐레

층이 자리 잡고 있음을 알 수 있다. 마슐레 마을을 이루고 있는 집들은 띄엄띄엄 함석지붕도 있으나 대부분 사람이 걸어갈 수 있는 단단한 회색 지붕이 많다. 말하자면 아래층의 지붕이 위층의 마당이 되는 셈이다. 길처럼 다니는 지붕이 지붕인지 아닌지는 그곳에 난 연통을 보면 알 수 있다. 산자락에 위치한 자연환경을 최대한 이용하려는 이치를 보여준다. 마을 뒤편에 있는 높은 산들은 아직 안개에 가려져 있어 그 모습을 좀처럼 쉽게 보여 주지 않는다. 나는 우선 마슐레에 들어가며 멀리서 보아둔 폭포 쪽으로 방향을 돌려보았다. 마슐레 마을에 폭포가 있으리라고 생각도 못했지만 저 멀리 안개 속에 그 모습을 감춘 산꼭대기서 내려오는 물이 낙차를 이루어 그리 크지는 않지만 하나의 폭포를 이루고 있다. 폭포 옆에서는 사람들이 삼삼오오 모여 이를 배경으로 연신 셔터를 누른다.

폭포에서 다시 마을로 들어가는 길로 다가서자 앞집 지붕이며 윗집 마당인 장소에 한 부부가 딸과 함께 전통 옷을 입고 마슐레 마을을 배경으로 사진을 찍는다. 부인과 딸이 입고 있는 옷은 빨강과 노랑 그리고 검정색이 잘 매치가 되어 화려하게 보인다. 다시 좀더 길을 나서니 이번에는 전통 인형을 파는 가게 앞에서 이란의 젊은 남녀 한 그룹이 활짝 웃으며 핸드폰으로 사진을 찍고 있다. 이곳에 온 이란 사람들은 대체로 성격이 밝고 적극적인 모습을 보여준다. 이것은 아마 마슐레가 풍기는 정취와 기운이 사람 가슴까지 옮겨와 기쁜 표정으로 나타나게 되는 것 같다. 저 멀리에 마슐레 마을의 중심인 듯한 장소에 많은 사람이 역시 지붕 위로 옮겨 가는 모습이 보인다. 그곳 지붕에서도 전통 복장을 하고 사진 촬영에 임하는 부부가 보였다. 마슐레는 이곳의 전통적인 마을 분위

사진 234 마슐레 마을의 전통 가게들

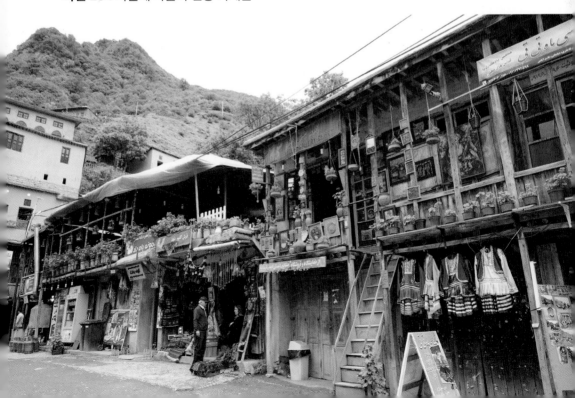

사진 235 마슐레에선 이처럼 전통옷을
입은 사람들을 많이 볼 수 있다.

사진 236 마슐레 마을 입구에 있는
이란의 전현직 최고지도자 간판

기와 이란 사람들의 전통 옷이 어울려 사진찍기 좋은 배경이 되고 있다.

마슐레의 집들은 대개 노란색이지만 대부분 테라스가 2층에 설치되어 있고 거기에는 꽃을 심은 화분을 걸어 두고 있어 보는 이에게 더욱 운치를 느끼게 한다. 집들은 나무로 된 여닫이문을 만들어 놓았는데 남녀가 출입 시에 서로 다른 문을 사용하라고 왼쪽에는 남자용 표시로 일자형 쇠고리가 달려 있고 오른쪽에는 여자용 표시로 둥근 원형 쇠고리가 달려 있다. 이것은 이란의 옛 건물에서 보는 흔한 장식물로 남녀유별을 강조하는 듯하다. 이러저러한 집들을 지나 아까 본 폭포 쪽을 바라보니 마슐레 마을은 두 개의 큰 산이 교차하는 자락에 조용히 앉은 모습을 하고 있다. 마을 중심 구역으로 내려오자 목제 난간이 있는 2층 구조의 전통가옥이 즐비하게 늘어서 있다. 집들은 대부분 상점으로 개조되어 2층에는 화분을 걸어놓아 운치있는 카페로 운영하거나 아래는 전통 옷과 인형 그리고 기념품 등을 파는 가게가 대부분을 이룬다. 마슐레 마을을 걷다보면 노란색 벽들로 치장한 건물 사이로 난 운치있는 골목길을 수없이 만나게 된다. 그런 길에 있는 작은 계단을 걸으면서 마슐레 마을의 정취를 느껴보는 재미는 여기서만 느낄 수 있는 특권이다. 이란의 전통 마을은 마슐레 말고도 아비아네도 있지만 각각 나름대로의 특색을 가지고 있어 어느 쪽이 더 아름답다고 할 수는 없다.

8. 사파비조의 고향인 아르다빌

세계문화유산인 셰이크 사피 알딘 영묘가 있는 아르다빌

아르다빌(Ardabil)은 동으로 카스피 해 연안의 길란 주와 서쪽으로는 타브리즈가 주도인 동 아제르바이잔 주와 접하며 남으로는 가즈빈 주와 인접한다. 북으로 아제르바이잔의 국경과 접한 아르다빌 주는 엘부르즈 산맥에 속하는 높이 4,811미터의 사발란(Savalan) 산 동쪽 기슭에 자리 잡고 있다. 또한 쇼레빌(Shorabil) 호수가 사발란 산을 뒤 배경으로 품고 있어 아르다빌을 더욱 아름답게 해준다. 아르다빌의 주도는 주의 이름과 같은 아르다빌로 인구는 약 50만 명에 이른다. 아르다빌의 역사는 15세기 후반에 들어와 이란 역사의 전면에 나선다. 이 당시 이란에는 많은 군소 왕조가 나타나서 세력을 키웠는데 그 중에서 아르다빌을 중심으로 한 사파비 가문의 셰이크 사피 알딘이 두각을 나타내었다. 1501년에 그의 손자인 이스마일에 의해 사파비조가 세워지고 타브리즈에 수도를 두며 시아파를 국교로 삼았다. 하지만 곧이어 오늘날 터키에 있던 수니파의 오스만제국과 찰도란 전투에서 패해 수도인 타브리즈까지 점령당하는 수모를 당한다. 그 후 이스마일의 아들인 타흐마습이 어린 나이에 왕위에 올라 수도를 타브리즈에서 가즈빈으로 옮긴다. 이때 타흐마습의 손자로 사파비조의 5대왕으로 등장한 압바스 1세가 이스파한으로 수도를 다시 옮기며 도약을 이룬다. 결국 아르다빌은 그들의 선조인 셰이크 사피 알딘과 사파비조의 창시자인 이스마일의 묘가 있는 곳으로 사파비조에 있어 조상의 땅으로 인식될 만큼 중요한 지역이었다.

아르다빌 시내에는 어떤 유적들이 있는지 셰이크 사피 알딘 영묘에 앞서 찾아가 보자. 먼저 셰이크 사피 알딘 주변에 있는 미르자 알리 아카바(Mirza Ali Akbar) 모스크를 보자. 이 모스크는 카자르 시기에 건축된 것으로 기도실, 세미나실, 미나레트 등을 가지고 있다. 미나레트는 꼭대기에 망루를 가지고 있으며 사방에 모두 창문을 해달았고 창문의 위와 아래에는 청색 및 노란색 타일을 마치 띠처럼 입혔다. 작지만 나름대로 의미있는 모스크라고 생각된다. 이외에도 셰이크 사피 알딘 주변에서 볼 수 있는 것에는 아르다빌의 상징인 셰이크 사피 알딘의 동상도 보인다. 하얀색 돌로 만들어진 좌상으로 셰이크 사피 알딘이 무언가를 생각하는 모습을 본 따 만든 것에 해당한다. 다음으로 동상의 주변에 있는 아르다빌 박물관에 가기 위해 길을 나서자 바자르 앞에는 많은 사람들로 붐벼 거리가 복잡하다. 아르다빌 바자르도 그릇이나 각종 과일 그리고 잡화류 등을 사려는 사람들로 언제나 붐빈다. 그런데 때마침 아슈라 기간이 얼마 남지 않아서 그런지 많은 사람들이 거리에 나와 축제 분위기를 연출하고 있다. 아르다빌 박물관은 그렇게 크지 않은 박물관에 속하지만 특히 파르티아 시기의 주황색 그릇과 기원전 시기에 사용된 청동제 칼이 눈에 보인다. 청동제 칼은 손잡이 끝이 갈고리처럼 생기고 또한 원형의 홈이 파져 있어 특이한 모양을 이루었고 이밖에 아르다빌에서 발견된 이슬람 시기의 도자기도 다수 진열되어 있어 참관할 가치를 충분히 느낀다.

다음으로 약 300년 전에 지어졌다고 하는 아르다빌 시내에 위치한 마리암 교회를 찾아간다. 하지만 교회로 들어가는 문은 굳게 잠겨 져 있다. 외부에 드러난 교회의 모습은 사각형 건물에 돔형 지붕을 갖춘 교회로 그리 크지 않다. 교회는 좌우에 흙벽돌로 쌓은 작은 돔과 다시 중앙에 삼각형 돔이 어우러진 모양을 취한다. 모두 황색 흙벽돌 건물로 외부와의 차단을 위해 붉은 벽돌을 쌓아 교회 안의 자세한 사정은 알기 어렵다.

아르다빌 중심을 흐르는 강(Baliqli Chay)에는 최소한 5개에 해당하는 옛 다리가 있는데 사파비조 시대에 건립된 것들이다. 7개 이상의 아치형 수구를 둔 다리는 빨간색 벽돌로 만들어져 있고 또 한쪽 출입구에는 계단이 만들어져 있어 사람들이 안전하게 다닐 수 있도록 되어 있다. 그 아래에 있는 또 다른 다리는 3개의 아치형 수구로 만들어져 있는데 크기는 앞선 다리보다 크다고 할 수

사진 237 아르다빌의 쇼레빌 호수

있다. 사람이 걸어 다니는 다리의 상판은 약간 곡선으로 설계되어 있는데 한쪽은 폭이 넓은 계단이 있고 또 한 가운데는 말 등이 다닐 수 있게 평평하게 만들어져 있다. 아르다빌 시내 코스에서 마지막으로 가본 것은 셰이크 제브라일 (Sheikh Jebrayil) 영묘이다. 이 영묘는 16세기에 건축된 것으로 아르다빌 시내에서 북동쪽 방향 3km 떨어진 지점에 있다. 이 묘는 셰이크 제브라일의 영묘로 사각형 기반 위에 둥근 돔을 갖춘 건물로 모두 흙벽돌로 지어졌다. 출입구 좌우에 나무로 된 아치형 창호가 있고 또 중앙에는 청색 타일을 일부 넣어 시각상 단조로운 감은 줄여준다. 돔은 사각형의 기반 건물보다도 커서 보는 이에게 비대칭으로 보이나 아무런 장식이 없는 점 등으로 볼 때에 아르다빌에서 영묘 건물로는 초기 형식을 보여준다고 할 수 있다.

이제 아르다빌의 꽃인 셰이크 사피 알딘 영묘에 드디어 입성한다. 셰이크 사피 알딘 영묘는 정식명칭이 '셰이크 사피 알딘 카네가 그리고 사원 유적군(Sheikh Safi al din Khanegah and Shrine Ensemble)'으로 다소 명칭이 길게 되어 있다. 셰이크 사피 알딘 영묘는 16세기부터 18세기 사이에 아르다빌에 건설된 유적으로 2010년에 유네스코로부터 그 역사성을 인정받아 세계문화유산에 등재되었다. 사파비조의 창시자인 셰이크 사피 알딘과 또 그의 후계자인 이스마일의 영묘가 함께한 이 유적은 돔이 건물의 특징을 이룬다. 본래 수피교도들의 수도원으로 사용된 유적의 부지 안에는 도서관과 학교 그리고 병원, 빵집 등이 있어 실로 여러 가지 기능을 가진 일종의 복합건물에 해당한다. 건물은 일한국 및 티무르조의 영향을 받아 화려한 문양의 주출입구인 파사드와 함께 기하학적 문양의 아라베스크가 매우 아름답다고 할 수 있다. 이제 셰이크 사피 알딘 영묘에 들어가 보자.

사진 238 아르다빌의 셰이크 사피 알딘 영묘

사진 239 셰이크 사피 알딘 영묘의 돔

셰이크 사피 알딘은 5개의 커다란 돔으로 된 모스크인데 그 중 두 개는 청색으로 되어 있고 나머지 3개는 흙벽돌 상태의 황색 돔을 이룬다. 셰이크 사피 알딘은 들어가는 출입문부터 청색 타일이 붙여진 벌집 모양을 보여준다. 두 번째 출입문도 덩굴무늬 문양이 가득하고 아래에

나있는 작은 나무문을 통해 들어가면 셰이크 사피 알딘의 돔 건물 뜰이 나온다. 뜰의 한 가운데는 우물인 듯한 원형 돌기둥의 기단이 보이고 그 뒤로 직사각형의 모스크와 원통형의 돔이 보인다. 직사각형 건물의 출입구에는 아치형 천장을 이루어 벌집 모양의 무까르나스 장식이 매우 촘촘한 청색 타일로 함께 장식되어 있는 모습을 볼 수 있다. 원통형 돔의 외벽에는 기하학 문양의 아라베스크가 청색 타일로 화려하게 붙어 있다.

원통형 돔을 구성하는 안뜰은 사각형 회랑에 아치형의 이완식 출입구와 또 외부 벽체에는 꽃무늬 장식이 들어간 화려한 청색 타일로 마감하여 청결한 아름다움을 보여준다.

사진 240 외곽에서 본 셰이크 사피 알딘 영묘

사진 241 셰이크 사피 알딘 영묘의 내부 모습

사진 242 아르다빌의 세이크 사피 알딘 상

사진 243 아르다빌 바자르 앞의 아슈라 행진 모습

사진 244 아르다빌 바자르의 과일 가게

이완식 출입구를 가진 건물은 남북의 양쪽 모두에 있지만 북쪽 건물 뒤로는 흙벽돌로 지어진 반원형의 돔이 있어 남쪽과는 구분이 된다. 셰이크 사피 알딘의 안뜰에서 가장 돋보이는 건물은 단연 원통형 돔이라 할 수 있지만 건물 하나하나가 모두 빼어난 모습을 보여 그 우열을 가리기 어렵다. 원통형 돔 옆에는 다시 청색 타일이 아닌 일반 흙벽돌로 이루어진 또 다른 돔이 아래는 사각형 건물 위에 붙어 있는 형식으로 존재한다. 후면부 뒤뜰에서 보면 다시 두 개의 흙벽돌로 지은 거대한 돔형 건물이 나온다. 이처럼 셰이크 사피 알딘 사원 내에는 많은 수의 돔이 자리 잡고 있음을 알 수 있다. 셰이크 사피 알딘의 실내에는 아치형

사진 245 아르다빌에는 많은 과일 가게가 있다.

사진 246 아르다빌 바자르의 그릇가게 소묘

천장을 이룬 가운에 매우 정교한 벌집 모양의 무까르나스 양식이 궁륭형으로 곳곳에 설치되어 있어 사원의 외부 못지않게 매우 화려함을 느낀다. 천장을 이루는 돔은 모서리에 돌아가며 창문을 내어 채광 효과가 배가되도록 설치되고 또 실내의 청색과 노란색 등 화려한 분위기와는 대조적인 하얀색으로 치장되

어 있다. 실내의 중앙에는 셰이크 사피 알딘의 영묘가 안치되어 있고 또 그 옆
의 별실에는 이스마일의 묘가 갖추고 있어 영묘로서의 경건함을 느낀다. 전체
적으로 셰이크 사피 알딘 영묘는 아르다빌을 대표하는 건물이며 또한 이란에
서도 손꼽히는 유적에 해당할 만큼 매우 아름다운 건물이라 할 수 있다.

사진 247 아르다빌 마리암 교회 전경

사진 248 아르다빌 시내의 다리

사진 249 아르다빌 중심에 흐르는 강의 다리

사진 250 아르다빌 셰이크 제브라일 묘

9. 타브리즈를 주도로 하는 동 아제르바이잔 주

유서 깊은 역사의 도시 타브리즈 시내와 졸파 교회 탐방기

타브리즈(Tabriz)는 동 아제르바이잔 주의 주도로 인구는 150만 명에 이르러 이란의 전체 도시 중에 5위에 해당하는 규모를 자랑한다. 타브리즈는 우르미예 호수의 동쪽으로 50km 정도 떨어져 있고 또 사한드산 북쪽의 고지대에 위치한다. 타브리즈에서 아르다빌과 마쿠까지는 버스로 각각 4시간 걸린다. 잔잔까지는 5시간이 걸리며 가즈빈까지는 8시간이 걸린다. 타브리즈의 유래는 13세기에 들어와 몽골족인 일한국의 수도가 되면서 이란의 역사에서 두각을 나타낸다. 당시 타브리즈는 실크로드 상의 중요 교통로로 많은 동서양 상인들이 모여들어 번영한다. 1392년에 타브리즈는 티무르에 일시 점령되었으나 15세기에 들어 투르크족인 흑양조의 수도가 되었고 1501년 사파비조 때에도 수도로서 번영을 누렸다. 하지만 1548년 사파비조의 타흐마습이 수도를 타브리즈에서 가즈빈으로 옮기며 쇠퇴하

사진 251 다양한 시설로 가득한 타브리즈 바자르

사진 252 타브리즈 바자르 내 과일 가게

지만 카자르조 때에는 황태자가 머무는 등 테헤란에 이어 두 번째 중요한 도시로 성장한다.

타브리즈 시내에서 가장 주목할 수 있는 시설은 바자르이다. 타브리즈 그랜드 바자르는 타브리즈 바자르 역사 지구(Tabriz Historic

사진 253 타브리즈 시청사 궁전

Bazaar Complex)안에 있는 바자르이다. 타브리즈 그랜드 바자르는 이미 13세기부터 사람들에게 널리 알려져 16세기에 들어와 타브리즈에 수도를 정하였던 사파비조를 거쳐 18세기 말까지 상업 중심지로 번영한다. 타브리즈 그랜드 바자르는 서로 연결된 지붕을 가지고 있는 벽돌 건물로 그랜드 바자르 안에는 귀금속류와 카펫 그리고 신발과 과일 등을 취급하는 여러 가지 작은 바자르로 형성되어 있다. 타브리즈 그랜드 바자르는 건물에 지붕이 덮인 바자르 가운데 세계 최대에 해당하며 또 바자르 지구 내에는 모스크와 목욕탕 그리고 얼음 창고 등 많은 시설이 함께 구비되어 있다. 타브리즈 그랜드 바자르 역사 지구는 이란의 전통 상업과 문화 체계를 보여주는 귀중한 사례로 인정되어 유네스코로부터 2010년 세계유산에 등재된 바 있다.

그렇다면 이제 타브리즈 시내의 유적 투어에 나서 보자. 먼저 타브리즈에서 가장 눈에 잘 띠는 건물인 타브리즈 시청사 건물에 찾아가 본다. 타브리즈 시청사(Municipality Palace) 건물은 분수대가 있는 로터리 광장 앞에 자리 잡고 있다. 건물은 2층으로 되어 있는데 중앙의 첨탑 부분에는 시계탑이 설치되어 있고 또 첨탑의 최상층에는 이란 국기가 걸려 있는 국기대가 있다. 이 때문에 시계탑으로 인하여 타브리즈 시청사는 시계탑 궁전으로도 잘 알려지고 있다. 본래 지방 정부의 중앙청사에 건물에 해당한다. 타브리즈 시청사 건물은 1925년 독일 기술자들의 감독 아래에 독일 스타일로 지어졌다. 2차 세계대전 이후에 건물은 아제르바이잔 민주당사 건물로 활용하다가 1947년 이란정부가 이곳을 접수한 후에 타브리즈 지방정부 청사로 사용된다. 오늘날에 타브리즈 지방청사 건물은 다른 데로 이전하고 이 시청사 궁전 건물은 타브리즈 시립 박물관으로 그 구실

사진 254 타브리즈의 아르케 모스크

을 다하고 있다. 타브리즈 시청사 궁전을 필자가 찾았을 때에는 아슈라 기간이 얼마 남지 않아 아슈라를 상징하는 표식으로 가득한 모습을 볼 수 있었다.

다음으로 아르케 모스크에 찾아 가본다. 아르케(Ark-e Alishah) 모스크는 몽골왕조인 일한국 시기의 군사 요새로 아제르바이잔 스타일로 지어진 건물에 해당한다. 건물 크기로 볼 때에는 현재 이란에서 가장 큰 유적으로 타브리즈를 상징하는 건물에 해당한다. 8세기 당시에 이 모스크 주변에는 학교와 모스크 그리고 수도원 등 여러 시설이 갖추어져 있었지만 10세기 타브리즈에 불어 닥친 지진에 의하여 대부분 파괴당하고 현재와 같은 모습으로 남게 된다. 지금 남아 있는 건물은 흙벽돌로 지어진 ㄷ자형 모습을 가지고 있으며 가운데에 이완 형의 커다란 출입구를 가지고 있다. 출입구는 가운데에 볼록한 원통형 기둥을 사이에 두고 좌우에 각각 하나씩 설치되어 있다. 원통형 기둥 상층부에는 망루 기능을 담당하도록 아치형 문이 달려 있음이 확인이 된다. 현재 남아 있는 건물의 잔해 어디에도 흙벽돌뿐이지만 ㄷ자형의 외부 기둥에는 약간의 타일이 남아 있어 옛 모습을 유추할 수 있다. 지금 남아 있는 타일은 아주 적지만 짙은 청색과 옅은 청색 타일로 장식된 아라베스크 문양을 하고 있어 아름다움을 자아내고 있다. 만약에 이 건물이 지금 남아 있는 청색 타일로 외관을 두르고 있다면 그 장대하고 화려한 모습은 상상하고도 남음이 있다. 지금은 타일이 거의 모두 떨어진 채 흙벽돌만 남은 거대한 기둥이지만 타브리즈 역사의 한 단면을 본다는 측면에서 가치가 있는 유물에 해당한다고 할 수 있다.

이어지는 탐방지는 블루 모스크다. 블루 모스크(Blue Mosque)는 카부드(Kabud) 모스크라고도 하는데 타브리즈에서 가장 유명한 모스크로 1465년에 건립되었다. 모스크는 1779년 지진에 의해 주출입구인 이완을 제외한 모든 부분이 파괴를 당하였고 1973년에 재건되기 시작한 모스크는 아직도 타일 등에서는 미완성인 채로 남아 있다. 블루 모스크에 들어가면 우선 흙벽돌로 지어진 거대한 사각형 건물 위에 커다란 돔 2개가 지붕 위에 설치된 것을 볼 수 있다. 건물의 이런 흙벽돌 상태는 외

사진 255 타브리즈의 블루 모스크 정문

사진 256 블루 모스크 천장 장식

벽에 청색 타일이 탈락된 모습을 보여준다고 할 수 있다. 흙벽돌 외벽 중간 중간에 조금씩 남아 있는 청색 타일의 아라베스크 문양으로 아름다운 그 본래의 모습을 유추할 수 있다. 건물의 북쪽 주출입구에 도착하자 그것은 현실로 나타난다. 주출입구는 거대한 아치형 출입구로 이완을 이루며 청색 타일로 그 화려함을 자랑한다. 이완의 외벽과 아치형 천장 등에는 다양한 쿠픽(Kufic)체와 술루스(Thuluth)체로 아치의 테두리를 장식하고 그 나머지는 아라베스크 문양으로 가득 차 있음을 볼 수 있다. 다만 아치형 천장에서 흔히 보이는 벌집인 무까르나스 장식은 매우 간단하게 나타나 있어 이 건물이 초기 양식임을 쉽게 알 수 있게 한다. 실내에도 거대한 돔 아래에 아치형 벽감이 계속 이어지며 청색 타일로 다양한 기하학 문양이 가득하다. 돔은 특별한 장식이 없는 흙벽돌 상태로 채광을 위해 아치형 창만 보인다. 실내의 벽면 한쪽에 아치를 이루는 벌집 천장에는 코발트색의 모자이크 타일이 설치되어 있어 매우 밝고 화려한 감을 준다. 블루 모스크는 현재 주출입구인 북쪽 출입구와 실내 등에서 본래 건물이 가지고 있던 화려한 모습을 볼 수 있지만 블루 모스크라 칭하는 건물이 이슬람권에서도 흔치 않다는 점에서 매우 귀중한 사례에 들어간다. 즉 세상에 블루 모스크라고 하는 명칭을 가진 건물로는 타브리즈와 이스탄불 그리고 아르메니아의 수도인 예레반 등에서만 볼 수 있다는 점이다. 이런 점에서 블루 모스크는 타브리즈를 대표하는 유적의 하나에 해당한다고 할 수 있다.

블루 모스크 관람을 마치고 출구에서 오른쪽 방향에 가면 작은 공원 (Khaqani park) 하나가 있는데 이 공원에는 12세기 타브리즈에서 태어난 아제르바이잔 출신의 한 시인(Shirvani Khaqani)의 대리석상도 볼 수 있다. 또 그 바로 인근에 있는 아제르바이잔 박물관까지 가 볼 수 있다. 박물관 안에서는 두 마리의 사자문양 장식을 한 기원전 3천년 시기의 청동제 장식과 또한 특이한 손잡이를 가진 청동제 칼이 눈에 띈다. 박물관은 블루 모스크 인근에 있어 찾아가기가 매우 쉽고 또 볼거리도 많아 유익한 시간을 보낼 수 있다.

타브리즈에서는 기독교회 건물도 다수 있다. 이중 아르메니안 마리암 교회와 추판 교회 그리고 좀 더 멀리 떨어져 있는 성 스테파노스 교회를 찾아가

사진 257 타브리즈 아르메니안 마리암 교회

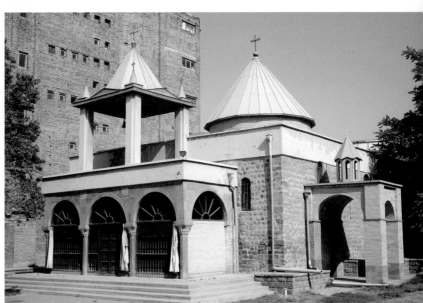

보기로 한다. 먼저 아르메니안 마리암 교회(Maryam Moghadas)는 타브리즈 시내에 있는 교회 중에서 가장 크고 오래된 건물에 속하며 아르메니안 교회의 주교좌 교회로 12세기에 지어졌다. 교회건물을 보기 위해서는 굳게 닫힌 철문을 열고 들어가야 하는데 일단 철문을 통과하여 안에 들어가면 넓은 뜰이 나온다. 교회는 철로 된 아치형 출입구에 종탑이 달린 건물과 뒤쪽으로 삼각형 첨탑이 있는 주건물 그리고 그 앞의 보조 출입구 등으로 구성이 되어 있다. 교회 건물의 전체적인 색상은 엷은 노란색으로 첨탑을 이루는 지붕은 회색조의 함석으로 되어 있다. 실내도 아치형 기둥에 하얀색으로 이루어져 밝은 느낌을 주나 별다른 장식이 없어 소박한 인상을 준다. 실내 천장은 돔을 이루어 밖에서 들어오는 빛을 받는 아치형 창호가 다수 설치되어 있고 그 이외의 장식은 발견되지 않는다. 타브리즈에 있는 아르메니안 마리암 교회는 넓은 뜰을 가진 전체적으로 소박한 인상을 주는 교회라고 생각된다.

사진 258 졸파의 추판 교회 가는 길의 붉은 산

다음으로 추판 교회(Chupan Church)는 타브리즈에서도 상당히 멀리 떨어져 있는 졸파(Jolfa)라는 작은 도시에 있다. 이 졸파에서 서쪽으로 5km 떨어진 아라스(Aras) 강 남쪽의 계곡에 있는 아르메니안 교회이다. 추판 교회는 아르메니아인들이 이 지역에 거주하였던 시기인 1518년에 건립되었으며 또 1836년 재건된 것이 오늘에 이른다. 추판 교회

사진 259 추판 교회와 그 주변　　　　　　　　　　**사진 260** 졸파의 추판 교회

는 2008년도에 이란의 아르메니안 교회 수도원 유적(Armenian Monastic Ensembles of Iran)의 하나로 세계문화유산에 등재된바 있다. 교회는 주변이 온 통 붉은 색 암벽들로 이루어진 산속에 위치하여 있다. 십자가가 매달린 삼각형 첨탑이 지붕에 있는 이 교회는 규모가 작은 편으로 외벽은 평평한 돌을 회반죽 으로 이어 지었다. 교회 바로 옆에는 아라스 강이 흐르고 있어 경관이 매우 아름 다운 이 교회는 주변의 산과 강에서 나는 자연의 돌을 이용하여 교회 외벽을 지 은 것으로 보인다. 건물 주변의 암산이 모두 붉은 색으로 이루어져 마치 중국 신 강 위구르자치구에 있는 화염산에 온 듯한 느낌을 받는다. 이 교회는 성 스테파 노스 교회에 가기에 앞서 나타난다는 점에서 한번 들려볼 필요는 있다.

　마지막으로 성 스테파노스 교회인데 이상에서 본 두 교회와 비교도 안될 정 도로 웅장하고 큰 교회 건물에 해당하여 꼭 가볼 필요가 있다. 성 스테파노스 교회(Saint Stepanous Church)는 졸파에서 북서쪽으로 약 15km 지점에 가면 위 치한다. 성 스테파노스 교회는 수도원 건물로 아제르바이잔 국경과 연결된 산

속에 있는 강을 따라 가면서 깊은 계곡에 위치하여 있다. 성 스테파노스 교회
는 그 역사성을 인정받아 유네스코로부터 2008년 세계문화유산에 지정된 바
있다. 수도원 건물은 7세기에 건설되어 10세기에 완성된다. 하지만 11세기와
12세기에 들어와 셀주크와 비잔틴 제국 사이의 전쟁으로 파손되었다. 또 13
세기 몽골 훌라구의 침공 시기에는 아르메니안 교인들이 일한국에 협조를 하
여 1330년 중반에 재건된다. 15세기에 들어와 사파비조는 아르메니아인들을
보호하지만 이곳은 사파비조와 오스만 제국과의 갈등에 휩싸여 수도원은 다
시 파괴되었다. 1650년 이후에 이 지역을 사파비조가 차지한 후에 재건에 이
르렀고 18세기 러시아 세력의 침투로 교회는 다시 쇄락하나 19세기 카자르조

사진 261 졸파의 성 스테파노스 교회

가 들어서 이후에 수도원은 제 모습을 갖추게 된다.

교회는 수도원 건물답게 매우 높은 외벽을 가진 성채로 출입구도 높은 담 아래에 돌로 아치 모양을 이룬다. 교회의 주출입구는 이슬람 사원에서 보는 벌집의 무까르나스 양식이 아치형 천장에 보여 진다. 실내에는 돔형을 이룬 가운에 정면에 성모상을 모신 제단형 구조가 만들어져 있다. 교회의 종탑을 이루는 건물은 3단형으로 이어지고 교회 본체 건물을 이어주는 연결부분은 모두 아치형으로 이루어져 있는데 그 모양새가 마치 불국사의 청운교와 백운교를 보는 듯하다. 아치형 천장을 이루는 기둥과 교회의 외벽에는 다양한 문양을 조각하여 아름다움을 더해 준다. 종탑 뒤로는 본당을 이루는 첨탑이 각

사진 262 성 스테파노스 교회의 첨탑

사진 263 성 스테파노스 교회 내부

진 모습으로 나타나 각 면에 문양과 장식을 더해 아름다움을 배가시킨다. 성 스테파노스 교회의 핵심은 3단으로 구성된 종탑과 그 뒤에 붙은 본당 건물인데 모두 붉은색 벽돌로 쌓아올려 전체적으로 붉은 교회라는 느낌을 받는다. 교회 주변에는 교회와 관련된 부속시설이 들어서 있고 이러한 모든 시설들은 높은 벽으로 외부와 차단해 있다. 전체적으로 성 스테파노스 교회는 깊은 산골에 있는 홀로 앉아 있는 붉은 색조의 아름다운 수도원이라는 인상을 준다. 이 교회는 개인적으로 아픔을 주는 교회이다. 이 교회를 찾아가다가 어머니가 돌아가셨다는 소식을 들었기 때문이다. 출국 전 찾아뵈었을 때에 그런 느낌을 받지 못하였기에 정말 뜻밖이었다. 이제나마 이 책을 어머니의 영전에 받친다.

10. 우루미예 호수가 있는 우루미예 주

우루미예 시내 탐방기

이란 서북부의 터키 및 이라크와 국경을 이루는 곳에 있는 서 아제르바이잔의 주도로 우루미예(Orumiyeh)가 있다. 우루미예는 우루미예 호수를 사이에 두고 그 위쪽인 동 아제르바이잔과 붙어있는데 호수의 이름이며 또한 주도의 이름이기도 하다. 우루미예를 주도로 하는 서 아제르바이잔은 서북쪽에는 터키와 국경을 이루며 또한 서남쪽은 이라크와 국경을 접하고 있다. 동 아제르바이잔의 주도인 타브리즈와 서 아제르바이잔의 주도인 우루미예를 연결하는 도로가 우루미예 호수 한 가운데를 지나고 있다. 서 아제르바이잔의 주도인 우루미예 시는 이란의 수도 테헤란으로부터 북서쪽으로 951km 떨어져 있고 우루미예 호

사진 264 우루미예 바자르의 그릇 가게

사진 265 우루미예의 학교 운동장에 집합한 소녀들의 모습

수로부터는 서쪽으로 18km 지점에 있다. 우루미예의 인구는 70만 명으로 이란의 10대 도시에 해당한다. 우루미예는 버스로 마쿠까지는 4시간반 정도 걸리며 케르만샤까지는 11시간이 걸리고 테헤란까지는 12시간이 걸린다.

이란의 어느 도시와 마찬가지로 우루미예도 바자르를 중심으로 시가지가 형성되어 있다. 우선 바자르를 시작으로 우루미예 시내 탐방에 나선다. 바자르는 모타하리 광장 주변에 큰 길을 중심으로 형성되어 있는데 그릇, 의류, 건과류, 과일, 채소 등 다양한 가게가 오밀조밀한 형태로 길가에 늘어서 있다. 오후 저녁 무렵의 바자르는 여느 때처럼 많은 인파로 붐비었지만 과일 가게가 죽 늘어선 길 건너편에서 푸른색의 아잠 모스크가 저녁노을과 함께 눈에 띄었다. 바자르

사진 266 하산 로하니 현 이란대통령 사진으로 이란 내에서도 보기 어렵다.

인근에 모스크가 있는 것은 그리 어색한 것도 아니다. 다른 도시에서도 이런 광경을 많이 보아온 터였다. 과일 가게 진열대에는 자두, 딸기, 토마토, 수박 등 이 지역 특산물과 함께 다른 과일이 진열

되어 있고 또 다양한 채소도 손님들을 기다리고 있다. 우루미예는 역사적으로 '페르시아의 정원'이라 불릴 만큼 많은 과수원이 있는데 정말 그 말이 실감날 정도로 싱싱하고 다양한 과일과 채소가 시장 안에 넘치었다.

우루미예 바자르의 역사는 사파비조(1502~1736년)까지 올라간다. 사파 비조는 사산조 이래 처음 이란 전역을 통합한 왕조인데 타브리즈 위쪽에 있는 아르다빌이 그 근거지였다. 1501년 이스마일 1세가 백양조를 무너뜨리고 사파비조를 세웠으며 그 수도는 바로 우루미예와 가까운 동 아제르바이잔의 주도인 바로 타브리즈에 세웠다. 우루미예 바자르는 사파비조에서 출발하여 카자르조까지 그 전성기를 누렸던 것으로 보인다. 이는 사파비조 시기에 건축된 것으로 보이는 건물 일부가 바자르에서 보이기 때문이다. 이 같은 오랜 역사를 가진 바자르를 둘러보고 마지막으로 바자르에서 약간 안쪽에 있는 저메 모스크를 보며 바자르 일정을 마무리해 본다.

다음으로 성 마리아 교회를 찾아간다. 성 마리아 교회는 바자르에서 남쪽으로 곧장 가다 하윰 거리로 꺾으면 보인다. 처음 만나는 것은 아르메니안 프로테스탄트 교회인데 이 교회에서 다시 골목길로 꺾어 들어가면 성 마리아 교회가 나온다. 아르메니안 교회는 겉이 빨간색 벽돌 건물이지만 안에는 하얀색으로 치장되어 있어 색감 대조를 극명히 이룬다. 이 교

사진 267 성 마리아 교회 내부

회 입구의 명패에 1927이라는 글자가 쓰여 있어 아마 그 해에 교회가 설립되었다는 것을 말하는 듯하다. 이처럼 두 개의 교회가 위치한 지역이 우루미예에서도 시내 중심가라고 할 수 있어 이란의 다른 지역보다 기독교가 매우 성행했음을 증명한다. 성 마리아 교회는 현지말로 케리써에 마리암(Kelisaye maryam) 교회라고 하는데 보통 동방박사 기념 교회라고도 한다. 이 교회는 마기(magi) 라고 하는 세 명의 조로아스터교 사제들이 예수 그리스도의 탄생을 예견하고 페르시아에서 베들레헴까지 갔다 돌아온 후에 돌아와 조로아스터교 신전을 교회로 바뀌게 된데서 연유되었다고 한다. 성모 마리아가 예수 탄생을 축하하기 위해 찾아준 동방박사를 위하여 이곳을 방문하게 되고 이런 연후로 이곳을 성 마리아 교회라고 이름하게 된 사연이다. 이 교회는 아시리아 동방교회라고도 하는데 이는 이들이 교회 관리를 도맡아 왔기 때문이다.

하지만 중세 시대 이탈리아의 여행가 마르코 폴로의 『동방견문록』을 보면 오늘날 이란의 사바에서 세 명의 동방박사 즉 마기들이 예수를 경배하기 위해 출발하였다고 적고 있다. 그들의 이름은 발타사르, 가스파르, 멜키오르였으며 그들의 출신은 사바, 아바, 카샨 출신이라고 하였다. 따라서 마르코 폴로의 말대로 우루미예에 있는 동방박사 기념 교회는 동방박사들의 무덤이 있는 것이 아니라 기념교회에 해당할 뿐이었다. 어찌됐든 오

사진 268 성 마리아 교회 인근의 교회

늘날 영어 매직(magic)의 기원이 된 조로아스터교 마기 동방박사의 전설이 깃든 이 성 마리아 교회는 우루미예를 가는 사람에겐 꼭 들려 보아야 하는 중요한 의미를 가진다고 할 수 있다. 교회건물 외부는 벽돌로 되어 있고 지붕은 함석으로 지어져 있어 의외로 단출한 느낌을 준다. 하지만 실내로 들어가면 벽돌로 지어진 벽돌방 구조로 작은 예배당과 함께 그 안을 비추는 푸른 조명으로 경건한 느낌을 준다. 교회 입구 설명문에는 이 교회의 건립 시기가 사산조이고 또 1944년에 개축되었음을 보여주고 있다. 교회 밖을 한 바퀴 돌아보며 유독 눈에 띈 것은 교회 뒤편에 있는 양을 조각한 하얀색 석물(石物)이다. 석물에는 양머리 바로 뒤에 말을 탄 한 사람의 조각이 릴리프되어 있다. 조각기법이 나중에 보게 되는 칸 탁흐티와 비슷하여 이 양 석물도 사산조 시기에 만들어진 것이 아닌가 추측된다. 다만 이 양 조각상이 왜 여기에 있는지 설명문이 없어 의문만 자아내게 하고 또 조각상이 본래 하나인지 여러 개인지도 알 수 없었다. 본래 교회 건축물에 등장하는 동물들 예를 들어 사자상이 조각되어 있는 것은 가끔 볼 수 있어 이 양 조각상도 그런 의미로 받아들여진다.

성 마리아 교회에 이어서 사르다르 모스크와 박물관에 찾아가 보기로 한다. 사르다르 모스크(Sardar mosque)는 필자가 묵던 숙소 바로 앞에 있는 모스크이기도 한데 무심코 지난치단 알아보기 어려운 모스크에 해당한다. 그만큼 규모가 작고 눈에 안띄는 모스크이지만 그래도 역사가 있는 모스크인지라 가보기로 한다. 모스크는 전체적으로 빨간색 벽돌로 쌓아 지었으나 그 위에 아치형 구조로 지붕 장식을 하였고 이어 시계탑을 얹어 놓았다. 벽면 앞면과 측면에 다양한 장식의 타일을 입혀 색감을 더해 주었다. 이 모스크는 이란의 카자르조 시대에 건축된 것으로 알려지고 있다. 특히 지붕 위 기둥에 커다란 시계를 설치한 것은 다른 모스크에서도 보기 어려운데 이 시계를 설치한 사람은 카자르조의 압둘 사마드 칸이라 한다. 어찌됐든 카자르조는 이란의 마지막 왕조인 팔레비조의 바로 직전 왕조로 현재 수도인 테헤란에 도읍을 옮긴 왕조로 기억할 수 있다.

우루미예 박물관은 시내 중심에서 서남쪽으로 약간 떨어져 있어 가장 늦게 보게 된다. 필자는 본래 어떤 도시를 가게 되면 가장 먼저 박물관을 찾는데 이번에는 정반대였다. 왜냐하면 박물관에는 그 도시의 역사와 문화 또 유적을 가장 잘 파악할 수 있기 때문이다. 그런데 이번에 가장 늦게 간 것은 단순히 거리 때문인데 여행에서 동선(動線)은 그 여행의 성패를 좌우하는 매우 중요한 요소에 해당한다. 전혀 모르는 타지에 가서 시간은 그야말로 생명과 같은데 시간분배를 어떻게 하느냐에 따라 여행의 질이 결정된다. 여느 박물관처럼 우루미예 박물관도 고대부터 근대까지 우루미예의 역사를 잘 파악하게 해준

사진 269 우루미예 박물관 내부

다. 박물관은 이 지역에서 출토된 각종 유물로 가득하지만 고대 유물 비중이 더 많아 볼 만하였다. 특히 내 눈을 끈 것은 중앙 홀에 배치된 고대 페르시아 비석 두 종류였다. 하나는 형태가 충주 고구려비와 유사하게 생겼는데 비석 위 부분은 둥글고 아래 하단은 받침돌에 오목하게 들어간 모양을 하고 있다. 비석에 새겨진 글자는 마모가 심하여 알아보기 힘

들었으나 언뜻 보기에는 쐐기문자로 보였다. 비문의 일부에서 "사도르의 아들 위대한 왕, 힘있는 왕, 세상의 왕"등의 구절이 보이기도 하였다. 또 다른 하나는 키는 2.75미터로 크고 폭은 75센티에 두께는 35센티의 홀쭉한 형태를 하고 있었다. 비석은 아시리아와 우라투 말로 새겨져 있다. 우라트 왕국은 기원전 860~590년 사이 이 지역 일대에 군림하던 고대 왕국으로 비석은 우루미예 북서쪽 40km 지점에서 발견되었다고 한다. 이외에 박물관에서 가장 많이 보이는 것은 다양한 형태의 도기들이었고 또 청동검, 각종 구슬과 함께 타흐테 술레이만에서 발견된 도기 형태의 십자가도 눈길을 끌었다.

우루미예 호수와 칸 탁흐티

우루미예에 가서 우루미예 호수를 안볼 수 없다. 시내 일정을 모두 마친 나는 우루미예 호수로 달려가기 시작한다. 터키와 이라크의 국경에서 이루어진 자그로스 산맥과 타브리즈 남쪽의 거대한 산들에서 내려오는 강물이 내려와 형성된 이란 최대의 내륙 호수가 바로 우루미예 호수이다. 이 우루미예 호수 크기는 5,200평방미터로 충청북도가 7,407평방미터이니까 그 면적이 충북보다 조금 작음을 알 수 있다. 이 호수는 면적에서 세계에서 6번째이고 중동에서 가장 큰 소금호수에 해당한다. 호수 길이는 140km이고 넓이는 55km에 깊이는 16m를 자랑한다. 호수에는 약 102개의 섬이 있는데 이중에서 가장 큰 섬은 호수 한 가운데에 있는 이스라미(Islami, 또는 Shahi)섬으로 이 섬에는

사진 270 우루미예 호수

큰 산이 중간에 있어 남쪽 호수면 쪽으로 우회하여 타부리즈에서 우루미예 시내로 가는 도로가 개설되어 있다. 이스라미 섬은 1265년 죽은 징키스칸의 손자이며 일한국의 창시자인 훌라구와 또 그의 아들인 아바카의 무덤이 있는 것으로 알려지고 있다. 호수의 남쪽에는 네 개의 작은 섬이 무리지어 있는데 이중 카부단(Kaboodan)섬이 가장 크다. 근래에 우루미예 호수 주변에 많은 댐을 건설하고 또 가뭄 등의 영향으로 호수물이 메말라 가고 있는 실정이다. 이 대로 간다면 멀지 않은 장래에 호수물이 바닥을 들어내어 카스피 해 동쪽의 아랄 해와 같은 운명을 밟지 않을까 하는 우려도 있다.

우루미예 호수에 대한 대강의 지식을 바탕으로 나는 직접 호수 탐방에 나서기로 하였다. 하지만 이렇게 드넓은 우루미예 호수를 어느 방향에서 접근할 것인가 고민이 되었다. 답은 의외로 간단히 나왔다. 우루미예 시내에서 북쪽으로

사진 271 소금물로 이루어진 우루미예 호수

향하여 살마스 쪽으로 가기로 하였다. 이유는 사산조 시대 부조인 칸 탁흐티가 바로 살마스 방향에 있었기 때문이다. 살마스 방향으로 가다 우루미예 호수 쪽으로 길을 틀면 호수가에 앉은 두 개의 작은 섬이 마중 나온다. 섬 앞의 육지와 연결된 부분은 온통 하얗다. 바로 소금밭이었다. 우루미예 호수가 소금호수라는 것을 금방 실감하게 된다. 섬 주변 호수 물은 소금 빛깔의 하얀색이 아닌 붉은 색을 띠고 있다. 또한 왼쪽 육지 방향의 산에는 하얀 운무가 서리어 있어 가까이 가보니 이것은 바람의 영향으로 소금밭에서 흩날리는 소금 알갱이인 듯싶었다. 나는 한참 동안 이곳을 여기저기 다니며 소금밭에 내 발자국을 찍어 보았지만 소금밭은 생각보다 단단하여 그렇게 되지 않았다. 아무튼 소금밭과 어울린 두 개의 작은 섬은 하나의 풍경화를 연상시키듯 멋진 광경을 연출하였다. 이렇게 우루미예 호수를 둘러보고 나는 다음 행선지인 칸 탁흐티로 발길을 옮겼다.

사진 272 우루미예 호수의 풍경　　　　**사진 273** 소금 운무로 가득한 우루미예 호수

　우루미예 호수에서 빠져 나와 살마스 방향으로 올라 가다보면 칸 탁흐티 (Khaan takhti)라는 마을이 나온다. 이곳은 우루미예 시내에서 대략 76km 떨어진 거리이지만 살마스로 가는 큰 길의 옆에 있어 찾기가 쉽다. 조각은 산의 중턱에 있는데 아래에 난 계단을 한참 타고 올라가면 이 유적이 나온다. 조각은 암석으로 이루어진 돌산의 한 면을 깎아 만든 것인데 말을 탄 두 사람과 그 옆에 서 있는 사람 두 명이 돋을새김으로 표현되어 있다. 말을 타고 있는 사람 중에 왼쪽이 아르다쉬르 1세이고 오른쪽이 샤푸르 1세로 추정된다. 이들은 아르메니아를 지배하던 로마군대와 아르메니아 군을 정복하고 돌아오는 길에 이를 기념하기 위해 바위에 세긴 것으로 보이며 시기는 기원후 238년이라 한다. 이 유적에서 큰 길로 좀 더 올라가면 살마스로 이곳이 아르메니아로 가는 가도의 중간선상에 있어 이를 뒷받침한다. 부조의 내용을 보면 땅 위에 서서 말고삐를 잡고 있는 두 사람은 아르메니아 왕과 그 왕자로 이들이 사산조 아르다쉬르 1세와 샤푸르 1세에게 항복하는 장면을 나타낸다고 할 수 있다. 그런

데 아르다쉬르 1세와 샤푸르 1세가 한 장면에 같이 조각된 것은 샤푸르 1세가 아르다쉬르 1세의 후계자이면서 또한 공동통치자임을 대외에 천명한 것임을 의미한다. 조각은 암벽에 새긴 납작한 형태의 평면 구조를 보이고 있지만 네 명의 인물 특히 얼굴 부위와 그들이 입고 있는 복장의 세부묘사 등을 볼 때에 조각기법이 파르티아 후기 양식을 보여준다고 할 수 있다. 내가 이 유적을 보면서 가장 호기심이 든 것은 두 마리의 말 엉덩이에 구슬모양의 매듭이 조각되어 있는 점이다. 이것은 아마 이 시기 즉 사산시대 왕의 조각에 특징적으로 나타나는 일종의 문장(紋章)이라 생각된다.

사진 274 우루미예 호수 주변의 칸 탁흐티 부조

11. 다대오 순교 기념교회가 있는 마쿠

마쿠 시내와 다대오 순교 기념교회를 찾아서

마쿠(Maku)는 테헤란으로부터 939km 떨어져 있는데 해발 1,294미터 지역의 고지대에 위치하여 여름에도 서늘한 감을 준다. 마쿠는 터키와 인접한 국경도시로 터키의 동부 아르메니아 고원에 있는 노아의 방주로 유명한 아라라트 산이나 그 남쪽의 반호수를 보고 이란으로 넘어오는 길목에 위치한 국경도시이다. 즉 마쿠는 터키에서 이란으로 넘어오거나 또는 그 반대인 경우에 반드시 거쳐 가는 작고 아담한 도시이다. 도시 전체가 남북으로 1,800미터 높이의 큰 산들에 둘러싸여 분지형 도시에 해당한다. 때문에 마쿠는 여름에도 선선한 기온을 유지하며 높은 산들이 품어내는 자연경관은 그야 말로 장관을 이룬다.

마쿠로 가기 위해서는 타브리즈나 우루미예에서 4시간 또는 4시간 반 이상 버스를 타고 가야한다. 마쿠 시내에서 가장 볼 만한 유적은 박체주크(Bagchejooq Museum Palace) 궁전 박물관이며, 다음으로 마쿠 외곽 멀리에 떨어져 있는 다대오 순교 기념교회 등이 있다. 마쿠 시내 중심지에서 멀지않은 곳에 있는 박체주크 궁전은 처음에 카자르조의 왕인 무자파르 알 딘(1896~1907년)이 지은 건물로 사각형의 백색 외형건물에 청색 아치형 창문으로 만들어진 매우 아름다운 건축물이다. 이 건물은 마쿠 시내를 앞 쪽에서 감싸고

사진 275 마쿠 시내에 있는 박체주크 궁전

있는 거대한 산맥의 끝자락에 조용히 앉아 있는데 정문 출입구의 천장 장식이
다양한 색깔의 벽화로 꾸며져 있어 감탄을 자아낸다. 주의를 기우리지 않고 출
입하게 되면 놓칠 수 있는 멋진 천장 그림들이다. 카자르조는 투르크계 부족의
하나인데 무자파르 알 딘이 마쿠에 이 같이 별장같은 아담하고 예쁜 집을 진
경위는 그가 황태자 시절에 타브리즈에 살던 것이 인연이 된 것같다. 타브리즈
에서 마쿠까지는 약 4시간이 걸리는 거리에 있고 마쿠가 여름에도 서늘한 고
산지대에 있어 별장을 짓기에 안성맞춤이었을 것이다. 그런데 건물 앞에 정원
도 있고 또 분수대도 있는 산지의 별장같은 느낌을 주는 이 건물은 최근에 보
수중이어서 완전한 모습을 보려면 좀 더 후일을 기약하여야 할 것 같다.

이 박체주크 궁전 박물관을 보고 마쿠 시내를 빠져 나와 마쿠 시내 정면 남
쪽의 큰 산들을 지나 다대오 순교 기념교회로 가기로 한다. 마쿠 시내에서 다

대오 순교 기념교회로 가는 길은 졸파 가는 길의 타브리즈 방면 큰 길로 나와 다시 남쪽으로 우회하는 편안한 길이 있지만 필자는 해발고도 1,800미터 높이의 산(Qare Khach)들을 넘어 다대오 교회로 가기로 하였다. 왜냐하면 그 산속 한가운데 있는 커다란 호수 주변에 그림 같은 성모 마리아 교회가 있기 때문이다. 마쿠 시내를 얼마 지나지 않자 구불구불한 산길이 여행자의 마음을 설레게 한다. 바로 눈앞에 마쿠 시내 전경이 그림처럼 보이기 때문이다. 눈앞에 보이는 마쿠 시내는 그리 크지 않았지만 산지로 둘러싸인 전경을 한 눈에 본다는 데서 감동을 느낀다. 성모 마리아 교회로 가는 길은 매우 멀고 험난한 여정이다. 높고 깊은 산들을 계속 통과하여야 한다. 아마 겨울에는 눈으로 뒤 덮혀 이 길로 성모 마리아 교회로 찾아간다는 것은 불가능할 것 같다. 아무튼 이 교회를 가면서 만나는 산길의 다양한 모습과 색채는 도시생활에 찌든 모든 이의 마음을 정화시키기기에 충분하다. 특히 봄 길에 나서는 산속의 다양한 파랑과 푸름의 색채들은 인상적이다. 성모 마리아 교회가 이런 깊은 산중에 위치한 것도 따지고 보면 이런 자연환경을 보고 치유하며 오게 되는 길인지도 모른다. 이런 연유로 머나먼 국경의 도시 마쿠를 찾게 되는 이유이며 마쿠는 이것으로도 충분한 값어치를 하게 된다.

필자를 실은 차가 산맥의 정점을 찍고 내리막길로 들어서자 새로운 풍경이 나를 압도한다. 산들 가운데 저 멀

사진 276 마쿠 시내가 한 눈에 내려다 보인다.

리 아주 큰 호수가 보이기 시작한다. 굽이굽이 돌아 호수 가까이에 당도하자 그 옆에 고즈넉이 자리 잡은 작고 예쁜 성당 건물이 하나 보인다. 그런데 이 교회에 출입하려면 다른 길로 들어서야 하는데 어쩐 일인지 출입이 통제되어 있다. 아마 이 길의 안전상 문제인 듯하였다. 실제 이 산길로 오면서 길이 패이거나 멸실된 구간이 더러 있어 오는데 애를 먹었다. 때문에 아마 이 성모 마리아 교회로 가기 위해서는 또 상당히 먼 길로 들어가야 하는데 안전상 통제하는 것 같았다. 여행에서 한 번에 모든 것을 다 이루기는 어렵다. 이것은 삶에서도 마찬가지이다. 많은 아쉬움을 뒤로 하고 대신에 최대한 가까이서나마 이 교회를 바라보기 위해 탁 트인 곳으로 달려갔다.

교회는 에머랄드 빛깔의 그림같은 호수를 내려다보는 위치에 자리하고 있다. 호수는 아마 위쪽 협곡을 타고 내려오는 장마르(Zangmar)강이 흘러 형성된 것으로 보인다. 성모 마리아 교회는 멀리서 보아도 세모꼴 지붕에 하얀색으로 이루어진 작고 아담한 하나의 건물에 불과하였다. 이 작은 교회건물을 보기 위해 그렇게 높고 험한 산맥을 넘어왔을까 싶었지만 그림같은 호반에 붙어있는 아슬아슬한 모습이 오히려 자극적이었다. 무조건 큰 건물만이 사람을 감동시키거나 감명을 주는 것은 아니다. 때로는 작은 것이 더 아름답다. 성모 마리아 교회가 바로 이런 경우인 듯싶다. 이런 생각을 하며

사진 277 장마르 강이 흘러 내려 형성된 호수

사진 278 다대오 순교 기념교회 가는 도중에 만나는 유채밭 풍경

최종 목적지인 다대오 순교 기념교회로 발길을 재촉한다. 산길은 여러 강을 넘고 이어 찰도란으로 나오는 큰길로 빠진다. 교회는 마쿠에서 남쪽으로 약 60km 지점의 찰도란 방향 쪽 외진 곳에 위치하여 있다. 찰도란은 1514년 이란의 사파비조와 터키의 오스만제국 간에 전쟁이 벌어진 곳으로 유명한 곳이기도 하다. 전투는 오스만의 승리로 끝났고 사파비조는 오스만에게 아나톨리아 동부와 이라크 북부에 대한 통치권을 잃어버린 결과를 가져온다.

교회는 찰도란에서 북동쪽으로 20km 지점에 있는데 길은 찰도란에서 코이 방향으로 가다 다시 북쪽으로 방향을 틀어 카라 켈리사(Qara Kelisa)로 들어선다. 카라 켈리사는 터키말로 검은 교회라는 뜻이다. 교회 가는 길 양쪽에 활작 핀 유채 밭이 길게 늘어서 있어서 잠시 눈을 팔았다. 이어 최종 목적지인 검은 교회 다대오 순교 기념교회가 보였다. 도로는 카라 켈리사에서 끝나는 막다른 길이었는데 이 교회 주변에는 온통 산들로 작은 마을과 함께 형성되어 있다. 마쿠 주변의 교회는 이처럼 산골이나 도시에서는 멀리 떨어져 있는 벽지에 세워져 있다. 물론 예전에는 이 두 교회 이외에 많은 종교시설이 있었겠으나 지금은 이 두 곳만이 있다. 이 두 곳이 지금까지 살아남은 것도 그것이 위치한 지역이 궁색한 산지였기 때문인지도 모른다. 유교원리를 일삼은 조선시대 위정자들의 탄압으로 유수의 불교 사찰이 산속에 숨어들어간 것과 같은 이치이다. 아무튼 사방에 산으로 둘러싸인 다대오 순교 기념교회는 고즈넉이 나를 반겼다. 교회는 멀리서 보기에도 원뿔형 첨탑이 두 개가 보였는데 앞에는 백색이, 뒤에는 흑색이 조화를 이루며 교회건물이 서로 붙어 있다. 백색의 교회 내부 출입문은 아치형으로

사진 279 마쿠 다대오 순교 기념교회가 위치한 모습

생기었는데 좌우의 기둥 아래에 사자 부조가 다소 희화적으로 돋을새김되어 있다. 교회 시설물에 사자가 부조되어 있는 것은 가끔 보는 일로 여기서처럼 기둥 아래에 사람들의 눈에 잘 띄게 배치된 것은 교회의 위엄을 더해주는 형상물의 하나이었을 것으로 생각된다.

사진 280 다대오 순교 기념교회의 첨탑

사진 281 다대오 순교 기념교회의 전경

교회내부는 15개의 방실 구조로
되어 있었는데 중앙홀은 동, 서로 크
게 나뉘어져 있다. 아마 뒤쪽 검은
색 아치형으로 된 홀 부분이 가장 먼
저 지어진 본래의 다대오 순교 기념
교회이었을 것이다. 홀 안에는 검은
색 벽돌방 구조로 되어 있는데 기둥
에는 끝이 갈고리 모양을 한 수십 개
의 아르메니안 십자가가 새겨져 있
는 것이 눈에 띈다. 이것은 정상적인
새김이 아닌 후대의 신자들에 의해
생겨난 낙서와 같은 흔적으로 보였
다. 전체적으로 홀 내부는 검은색 벽
돌로 쌓아져 있어 이 교회를 검은 교
회라고 한 이유도 여기에 있었을 것
같다. 아울러 중앙 홀 첨탑 끝부분에

사진 282 다대오 순교 기념교회의 내부

사진 283 다대오 순교 기념교회의 천장 모습

창을 내어 햇빛이 안으로 들어오게 설계되어 있어 내부의 검은 색 벽돌과 대칭
을 이루고 있다. 본래 다대오 순교 기념교회는 예수의 12사도 중 한 명인 다대
오가 아르메니안 지방에서 복음을 전하다 순교한 것을 기념하여 세운 교회이
다. 실제 교회 뒤편에는 다대오의 묘지석인 듯한 석판이 있고 그 옆에는 세례 물
통이 함께 있다. 교회 건물은 1319년 지진에 의해 파괴된 것을 1329년에 재건

사진 284 다대오 순교 기념교회 입구의 사자상 장식

한 것이라고 한다. 이 교회는 전체적으로 흑색과 백색이 조화를 이룬 멋진 건축물로 내가 이란에서 본 교회 중 가장 아름답고 장엄한 느낌을 받았다. 때문에 이 다대오 순교 기념교회가 세계문화유산에 등재되어 있는 것도 당연하다는 생각을 하였다. 나는 교회의 안팎을 좀 더 돌아본 후에 다음 행선지로 발걸음을 돌렸다.

제3부 이란동부

1. 케심 섬과 반다르 압바스

반다르 압바스와 수산시장을 찾아가며

반다르 압바스(Bandar Abbas)는 호르무즈간 주의 주도로 위로는 케르만 주와 서로는 시라즈가 있는 파르스 주와 접하며 아래로는 페르시아 만을 사이에 두고 오만과 아랍에미리트를 바라보고 있다. 반다르 압바스는 케르만에서 버스로 7시간여 걸리고 시라즈와 야즈드에서는 11시간이 걸린다. 반다르 압바스는 페르시아 만이 갑자기 좁아지는 병목현상을 일으키는 지역인 호르무즈 해협에 위치하고 있다. 인구는 이란 전체에서 18위 규모인 43만 명 정도로 적지 않다. 반다르 압바스 항구에는 호르무즈 해협의 전략적 중요성으로 인하여 이란에서 가장 큰 해군기지가 들어서 있다. 페르시아 만은 세계에서 석유 물동량이 가장 많은 바다로 특히 호르무즈 해협은 짧은 곳이 34킬로에 불과하여 석유 해상 교통로로서 그 전략적 중요성이 매우 크다. 페르시아 만 연안의 국가들 곧 이란, 사우디아라비아, 이라크, 쿠웨이트, 카타르 등지서 생산되는 석유는 이곳 페르시아 만과 호르무즈 해협을 통해 전 세계로 퍼져나간다. 아라비아 반도에서 이란의 반다르 압바스를 향해 마치 비수를 들이대듯 툭 튀어나온 오만의 반도는 아랍에미리트 영토가 아닌 오만의 영토로 오만 본토와는 완전히 격리되어 있다. 오만은 아라비아 반도 남동쪽에 자리잡은 나라로 이처럼 본토와 격리된 영토를 월경지(越境地)라 한다.

이란 쪽 페르시아 만에는 반다르 압바스 바로 앞의 섬인 케심(Qeshm) 섬과 호르무즈(Hormoz) 섬 그리고 약간 떨어져 있는 키시(Kish) 섬 등이 유명하다. 마르코 폴로와 이븐 바투타 등 주로 14세기에 세계를 누빈 여행자들은 모두 반다르 압바스를 거쳐 갔다. 호르무즈간 주의 주도인 반다르 압바스는 본래 이름이 곰브룬이었다. 지금처럼 이름이 바뀐 것은 1614년 사파비조의 압바스 1세가 이곳에 있던 포르투갈 세력을 추방하게 된데서 유래한다. 반다르 압바스라는 도시 이름은 '압바스의 항만'이라는 뜻으로 이는 압바스 1세에서 유래된 이름이라 할 수 있다. 최근 반다르 압바스 시와 한국과 관계되는 기사가 있어 주목된다. 곧 한국의 두산중공업이 이란경제 제재 해제 이후에 외국기업으로는 처음으로 해수 담수화 플랜트 수주에 성공했다는 보도가 2016년 6월에 있었다. 이 플랜트는 호르무즈간 주의 주도인 반다르 압바스에 건설된다. 이 프랜트가 건설되면 하루에 67만 명이 사용할 수 있는 약 20만톤의 담수를 생산할 수 있다고 한다.

사진 285 반다르 압바스 수산시장

반다르 압바스에서 내가 가장 가보고 싶은 곳은 페르시아 만에서 아니 이란에서 가장 크다는 섬인 케심 섬이다. 케심 섬에 가기에 앞서 나는 우선 반다르 압바스 시내에서 가장 볼만한 지역인 수산시장을 가기로 했다. 이 지역이 페르시아 만에 위치한 항구도시라 바다에서 잡힌 수산물이 많고 또 그것을 파는 시장이 활성화되어 있을

사진 286 다양한 물고기를 파는 반다르 압바스의 수산시장

것이라는 생각이다. 수산시장은 피시 마켓이라 하여 바다 쪽의 큰 길가에 있어 찾기가 어렵지 않았다. 수산시장 안에는 많은 사람들로 붐비었는데 특이한 점은 즉석에서 물고기를 손질하여 손님에게 제공하는 모습이다. 모두 이곳 전속인 듯한 빨간색 옷을 입고 작업하는 모습이 자못 진지하다. 시장 안에서 파는 수산물의 종류는 이란 어느 도시보다도 가장 다양하고 많은 것같다. 그것은 반다르 압바스가 페르시아 만에 위치한 도시 중 인구 43만 명으로 최대를 자랑하기에 어시장의 규모도 당연히 클 수밖에 없다. 수산시장 한쪽 구석에서는 한 무리의 여인네들이 새우 껍질을 까며 새우를 손질하는 모습이 보인다. 수산시장 옆에는 노천에 막사 식으로 지은 좌판이 깔려 있어 여기에서도 각종 수산물을 팔고 있다. 그곳에는 또 각종 채소와 과일 가게도 같이 있어 노변에 큰 바

자르를 형성하고 있다. 노천 어시장에서도 역시 금방 팔린 물고기들은 가게 주인이 직접 손질하여 손님에게 건내 준다. 다른 수산시장에서 볼 수 없는 적극적이고 활기찬 모습이다. 수산시장 건너편에는 페르시아 만 해변가가 이어지고 있는데 그곳에서 조금만 가면 케심 섬으로 갈 수 있는 배를 탈 수 있다. 나는 수산시장 일정을 마무리하고 페르시아 만에서 가장 크다는 섬인 케심 섬에 가기 위해 여객선 부두로 걸어갔다.

케심 섬 탐방기

케심 섬은 반다르 압바스 바로 앞에 있는 섬으로 페르시아 만에 있어 최대의 섬이자 이란에 있어도 최대의 섬에 해당한다. 길이는 135km에 면적은 1,491㎢로 제주도 면적이 1,848㎢이니까 그 크기를 가늠할 수 있다. 섬의 폭이 가장 넓은 곳은 중앙부로 약 40km에 달하고 또 가장 좁은 곳은 9.4km에

이른다. 케심 섬은 호르무즈 해협의 전략상 요충지로 60km 남쪽에는 오만이 있고 또 180km 남쪽에는 아랍 에미리트가 바다를 사이에 두고 아라비아 반도와 접하고 있다. 케심 섬은 바레인의 2.5배 크기로 반다르 압바스와 가장 가까운 곳은 불과 2km 밖에 떨어져 있지 않다.

사진 287 맹그로브 숲이 무성한 케심 섬

연평균 기온은 27℃로 6월부터 8월까지가 가장 덥고, 10월부터 1월 사이가 가장 서늘하다. 케심 섬에는 59개의 마을이 형성되어 있어 약 10만 명이 살고 있고 주민은 주로 어업에 종사하고 있다. 현재 이 섬과 반다르 압바스와의 왕래는 대형 선박이 수시로 왕래하여 교통에 불편은 없으나 이란 정부에서는 한편 이 섬과 반

사진 288 페르시아 만의 전략적 요충 케심 섬

다르 압바스를 연결하는 다리를 놓으려는 계획을 가지고 있다. 케심 섬의 이름은 엘람 왕국 시절에 이미 지어졌고 페르시아 만의 전략적 요충이라는 위치에 따라 엘람 왕국, 이슬람 이후의 우마이야조, 압바스조 또 근대에 들어와 포르투갈이나 영국의 침공을 받았다. 케심 섬은 교역과 해운의 중심지로 중국, 인도, 아프리카에서 오는 배들로 항상 붐비었다고 한다. 케심 섬은 유럽과 아시아를 잇는 중간 선상에 있어 이를 인식한 이란 정부는 이곳을 무관세 구역으로 지정해 무역과 산업 발전을 꾀하고 있다.

이제 본격적으로 케심 섬을 찾아 가본다. 반다르 압바스에서 여객선을 탄지 30분정도 지나자 배는 케심 섬 연안 부두에 도착한다. 케심 섬에서 내가 보려고 하는 것은 페르시아 만에서 가장 큰 맹그로브 숲 지대를 가지고 있는 하라 바다 숲(Harra Sea Forest)에 가는 것이고 또 하나는 케심 섬의 백미인 협곡지대와 그리고 동굴을 보는 것이다. 케심 섬에서 이런 곳들을 모두 돌아보려면

사진 289 케심 섬 지질공원

케심 섬이 매우 크기 때문에 자동차로 움직여야 한다. 먼저 하라 지역으로 가서 보트를 타본다. 케심 섬은 봄 가을이 성수기인지라 지금은 초여름으로 사람들이 안 보인다. 나를 태운 보트는 맹그로브 숲이 우거진 하라 일대를 이리저리 돌아보며 안내한다. 바닷물 색깔은 에머랄드 색을 하고 있으며 숲에 좀더 가까이 다가가니 늪지대를 형성하고 있는 곳이 많았다. 쏜살같이 빠른 속도로 시원한 바다 바람을 맞으며 보트는 달려간다. 늪지가 많은 지역과 맹그로브 숲이 많은 곳을 골고루 돌아보며 나는 밖으로 나왔다. 차는 해변도로를 달려 다음 목적지로 간다.

차는 시원하게 뚫린 아스팔트 도로를 따라 질주한다. 차창에 비추는 밖의 모습은 에머랄드 빛깔의 해변이 이어지고 이어 모래 바람이 휘날리는 황량한 사막이 이어진다. 케심 섬에 이런 사막 지형이 있으리라고는 생각지도 못했는데 케심 섬은 사막 지형이 대부분을 이룬다. '백문이 불여일견'이라고 와서 보지 않으면 알 수 없다. 여행은 이런 것을 충족시키는 자기와의 과정이다. 차는 어느덧 케심 섬 지질공원 입구에 도달했다. 지질공원에서 가장 유명한 곳은 스타 벨리(Stars Valley)라는 곳이다. 스타 벨리에 들어서자마자 마치 미국 그랜드 캐넌에 온 것 마냥 착각을 일으킨다. 사방에 사막지형에서나 볼 수 있는 모래 색깔의 황량한 산들뿐으로 온통 협곡을 이룬다. 나는 계곡과 계곡 사이를 걸으며 이곳 지형을 살피고 될 수 있으면 높은 지역으로 올라가 이곳 일대를 조망하고자 했다. 마침 위로 올라갈 수 있는 작은 길이 있어 올라가서 보니 위쪽은 마치 시루떡을 자른 듯 평평하게 넓은 대지로 되어 있다. 그런 대지 사이에 협곡이 형성되어 장관을 연출한다. 이곳이 건조한 사막지형이라 이처럼 모래와 흙으로 된 산들이 협곡을 형성하여 멋진 장면을 보여주는 것이다.

사진 290 협곡을 이루는 지질공원

케심 섬에서 나는 마지막 일정으로 코르바스 케이브(Khorbas Cave)라고 하는 동굴 산을 찾았다. 동굴은 왼쪽에 페르시아 만이 있고 오른쪽에는 끝없는 사막 지형을 이룬 가운데 솟아오

사진 291 케심 섬의 코르바스 케이브 동굴

른 산에 형성된 동굴이다. 산의 왼쪽에서 오른쪽에 이르기까지 동굴은 곳곳에 파여 있는데 자연동굴이 아닌 인위적인 동굴과도 같았다. 이곳 지형과 유사한 중국 섬서성 서쪽에서 가면 이런 동굴을 볼 수 있는데 중국에서는 이것을 요동(窯洞)이라 한다. 이곳 퀘심 섬도 중국 요동과 거의 유사하다. 다만 중국의 요동은 일시적인 거주나 창고로 이용하는데 비해 여기서는 종교를 위한 시설로 보여 진다. 동굴에 올라 저 멀리 페르시아 만을 바라보니 과거에 석유를 캤

던 유전탑이 보인다. 사막과 같은 이런 지역에서 석유가 안 나오리라는 보장도 없을 것이다. 동굴을 내려오며 다시 야자수 나무가 늘어진 해변가 도로를 달리자 저 멀리 사막 끝에는 짙은 저녁노을이 길게 비추고 있다.

2. 라이엔 성과 밤 성이 있는 케르만 주

케르만 시와 간잘리 칸

케르만(Kerman) 주는 북으로 야즈드 주와 남으로 호르모즈간 주 서로는 파르스 주와 접하고 있으며 이란의 전체 31개 주에서 시스탄 발루체스탄 주에 이어 두 번째로 큰 면적을 가지고 있다. 케르만은 시라즈에서 버스로 15시간 이상 걸리고 야즈드에서는 4시간 이상 걸리는 먼 거리에 있다. 케르만 주는 해발 1,900m 높이의 내륙 산간 분지에 위치하고 있어, 연평균 강수량이 140mm 정도밖에 안 되는 건조한 기후를 보인다. 때문에 여름에는 덥고 겨울에는 추운 기후를 보인다. 주도인 케르만은 동서 교통의 요지로 사산조와 셀주크조, 일한국, 아프간족의 지배를 받는 등 약탈과 파괴가 반복되는 역사를 가지고 있다. 케르만 주의 주요 도시로는 남동쪽 35㎞ 지점에 있는 마한(Mahan)과 차로 3시간 이상 가야하는 밤(Bam) 등이 있으며 주도는 케르만으로 인구가 약 53만 명에 이른다. 파키스탄과 인접한 도시인 자헤단으로 가는 길목이 바로 케르만이며 예전에는 대상들이 지나가는 통로의 중심이기도 하다.

간잘리 칸 복합 건물(Ganjali Khan Complex)은 사파비조 시기에 건축된 케르만의 중심구역으로 구시가지에 있다. 간잘리 칸 복합건물은 광장, 카라반 사라이, 목욕탕, 조폐소, 모스크, 바자르 등으로 구성되어 있다. 간잘리 칸 복합건물

사진 292 케르만 바자르 회랑

은 케르만을 통치하던 간잘라 칸에 의해 사파비조 압바스 1세 시기인 1596년부터 1621년 사이에 건축된 건물이다. 간잘리 칸 광장은 바자르와 카라반 사라이에 둘러싸여 있으며 5,000평방미터의 면적을 가지고 있다. 바자르는 광장 남쪽에 위치하는데 바자르 중에 가장 오래된 건물은 400년 이상 된 것도 있다. 케르만의 바자르는 이란에서 가장 오래된 바자르 중의 하나로 유명하며, 의류와 그릇 등을 취급하고 야채와 채소, 과일 등은 바자르 앞에 별동으로 지어진 건물에서 팔고 있다. 목욕탕은 광장

사진 293 케르만 바자르 목욕탕

의 남쪽 바자르 안에 위치하여 있는데 1631년에 지어진 건물이다. 목욕탕 정문의 아치형 천장에는 사파비조 시대에 만들어진 다양한 색상의 벌집모양 장식이 돋보인다. 실내로 들어가면 중앙에 다이야몬드형 욕조가 있고 벽면에는 아치형으로 각 방이 따로 꾸며져 있다. 천장은 외부의 빛이 잘 투과되게 원형으로 다수 천공되어 있고 색상은 온통 하얀색으로 칠해져 있어 밝게 느껴지게 한다. 안으로 더 들어가자 내부는 미로처럼 작은 복도로 연결되며 최종적으로 대형 욕조가 딸린 대욕탕이 나온다. 케르만의 목욕탕은 이란의 다른 도시에서 보는 목욕탕과 유사한 구조를 보이고 있지만 정문 입구 천장에서 보는 벌집 장식은 다른 곳과는 다른 매우 독특한 문양과 그림을 가지고 있어 색다른 맛을 느끼게 한다.

마한의 라이엔 성과 샤즈데흐 정원 그리고 샤 네마톨라 발리의 영묘

마한에 있는 라이엔(Arge Rayen) 성은 전체 면적이 22,000평방미터로 밤 성보다 반에 반도 안되는 크기를 가지고 있지만 그래도 케르만 주에서 두 번째로 큰 진흙 성에 해당한다. 라이엔 성의 기원은 5세기 사산조 시기까지 거슬러 올라가는 오랜 역사를 가지고 있다. 또한 밤 성은 바자르, 광장, 경기장, 지방정부 청사, 평민구역, 사일로(Silo)라고 하는 곡식 저장창고 등 도시 기반 시설이 갖추어져 있어 자급자족형 성이라 판단할 수 있다. 정문 출입구 쪽 성벽에는 각 모서리에 돌출 형식의 둥그런 치가 있고 중앙과 그 옆에도 치가 나와 있다. 모두 12개의 치를 사각 성벽 전체에 촘촘히 배치하고 있는 등 라이엔 성은 방어 기능에 매

사진 294 마한의 라이엔 성

사진 295 흙으로 쌓은 라이엔 성

우 신경쓴 성임을 알 수 있다. 정문으로 들어가 제일 먼저 확인할 수 있는 시설은 진행 방향 오른쪽에 있는 바자르이다. 또 바자르에서 나와 높은 벽체 사이로 난 작은 길로 직진하면 라이엔 성의 중심인 관청건물이 나온다. 그 작은 길 우측에는 평민구역으로 성벽 안에 조성된 각종 진흙 시설물이 반쯤 허물어진 상태로 놓여 있다. 아마 1995년 대대적인 보수를 할 때에 이곳은 제외된 구간임을 추정하게 한다. 하지만 무너진 상태가 진흙 벽돌의 쌓아진 축성기법이나 아치형과 돔 건물 등 본래의 모습을 더듬을 수 있어 오히려 좋았다. 흙벽돌과 흙벽돌 사이에는 진흙을 반죽상태로 이겨 넣어 고정되게 한 모습이 무너진 담벼락에서 확인이 된다. 아울러 각 구역별로 나누어진 벽돌 칸 바로 옆에 성벽이 상당히 높은 키로 축성되어 있어 라이엔 성이 방어에 얼마나 치중하였는지 파악할 수 있다.

성의 끝부분에 차지하는 관청 구역은 역시 좌우와 가운데에 돌출형 치를 3개 배치하여 경계 및 방어에 유리하게 꾸며져 있다. 관청은 집무실, 침실 등이 있으며 관청 지붕에 올라가자 저멀리 남쪽에 헤자르 산맥이 지나가는 것이 보이고 또 북쪽에는 라이엔 성의 구조가 한눈에 보인다. 라이엔 성 안에서 관청 구역만 보수되고 나머지 구역은 보수가 안된 채 무너진 상태가 많다. 하지만 지진으로 대부분 무너진 밤 성보다도 그 크기는 작지만 오히려 남아 있는 부분이 많아 사람들에게 더 인기를 끌고 있다.

사진 296 라이엔 성에 만난 이란 가족

사진 297 라에엔 성의 소년소녀들

라이엔 성을 이렇게 마치고 샤즈데흐 정원에 가기 전에 나를 태운 운전기사가 보여줄 곳이 있다고 하여 가보니 노란색과 약간 붉은 색을 띤 거대한 산들이 눈앞에 파노라마처럼 비추어준다. 이른바 이색(二色)진 산이라는 이곳은 산에 나무하나 없고 강에는 물조차 말라 비틀어져 황량한 모습을 보이지만 라이엔 성에서 보는 눈덮힌 헤자르 산과는 색다른 분위기를 연출한다. 마한에서 밤으로 왕래한 가도에는 이렇게 남북으로 높은 산들이 좌우에 펼쳐져 있는 모습을 신기롭게 볼 수 있다.

다음으로 마한의 또 다른 볼거리인 샤즈데흐 정원에 가본다. 본래 마한은 카라반 사라이와 정원의 도시로 잘 알려져 있는데, 샤즈데흐(Shazdeh) 정원은 유네스코에 등록되어 있을 정도로 그 가치를 인정받고 있다. 샤즈데흐 정원은 2011년 이란의 여러 곳에 산재한 페르시안 정원의 하나로서 유네스코 세계 문화유산에 등록된 바 있다. 샤즈데흐 정원은 1850년에 처음 지어져 1870년에 확장되었고 또 1900년대 말 정원 안에 분수대가 만들어 지는 등 페르시아식 전통 스타일로 재구성되었다. 샤즈데흐라는 말은 '왕자의 정원'이라는 의미를 가지고 있는데 정원이 위치한 지역은 밤 성과 케르만으로 오고가는 전략적인 주요 통로에 있다. 실제 샤즈데흐 정원의 앞과 뒤편에는 커다란 산들이 지나가는 산맥이 보이고 그 가운데 널따란 평원 한 가운데를 케르만에서 밤으로 가는 도로가 쭉 뻗어 있다. 멀리서 보면 샤즈데흐 정원은 대평원의 오아시스로 보인다.

샤즈데흐 정원이 방문객에 처음 맞는 곳은 정문으로 사각형 구조에 아치 모양의 입구를 이룬다. 정원 안으로 들어와 뒤편 쪽으로 정문을 바라보니 1층에는 기하학적 문양을 한 청색 타일의 아치가 만들어져 있다. 2층은 밖에는 황색

사진 298 마한 샤즈데흐 정문의 뒷쪽으로 정원에서 가장 아름다운 건물이다.

사진 299 샤즈데흐의 중심건물　　　　　　**사진 300** 샤즈데흐에서 만난 이란인 일가족

벽돌로 마감하고 안의 천장에는 엷은 노란 색을 칠해 전체적으로 우아한 느낌을 준다. 정문 출입구에서 정원의 맨 마지막 건물까지는 좌우로 보행로가 있고 그 가운데 물길이 계단 별로 위에 올라가며 분수가 만들어져 있다. 정원 분수대 양옆에 난 보행로를 따라 정원 맨 끝에 있는 엷은 노란색 건물에 당도해 본다. 그 건물은 문양과 장식이 별로 없는 단조로움을 보여 샤즈데흐 정원의 주 건물이라 하기도 어려울 정도이다. 단지 그 건물 1층에는 기념품점과 기념사진을 찍을 수 있는 공간이 마련되어 있을 뿐이다. 샤즈데흐 정원 안에서 건물 전체를 놓고 볼 때에 정문 출입문 뒤편이 가장 아름다운 곳이라고 생각된다.

　마한에서 마지막 일정으로 나는 샤 네마톨라 발리의 영묘를 찾아 간다. 마한이 자랑하는 또 하나의 문화유산인 샤 네마톨라 발리(Shah Nematollah Vali) 영묘는 15세기 수피즘 시인인 샤 네마톨라 발리의 묘에 해당한다. 그의 영묘는 사파비조 압바스 1세 시기에 만들어졌으며 1601년에 재건축되었다. 건물은 기하학적 문양의 타일과 7개의 나무 문 등으로 유명하며 돔은 터키산 타일로 장식된

점이 특징이다. 샤 네마톨라 발리 영묘
의 정문은 예의 이슬람 사원처럼 기하
학 무늬를 한 청색 타일로 장식되어 있
다. 정문을 통해 안으로 들어오면 다시
두 번째 문이 첫 번째 문과 유사한 형
태로 서 있다. 이 두 번째 문을 지나야
영묘의 중심 구역에 들어오게 되는데
그곳은 샤즈데흐 정원처럼 한가운데에
분수대식의 화단이 꾸며져 있고 그 뒤
에 영묘 중심 건물이 위치해 있다. 분
수대 주변에는 붉은 색과 하얀색 꽃을
가진 화분이 늘어서 있고 그 뒤로는 키
가 큰 향나무들이 버티고 있어 시원한
느낌을 준다. 묘는 입구에 채색을 입히
지 않은 건물 그대로의 상태인 하얀색
벌집모양 장식이 순례객을 맞는다. 안
에 들어오면 실내는 대부분 하얀색 그
대로 노출되어 있어 천장의 짙은 청색

사진 301 샤즈데흐에서 물담배를 피우며
휴식을 취하는 이란 여성

사진 302 마한 샤 네마톨라 발리의 영묘 정면

샹들리에와 함께 색감의 대조를 이룬다. 실내 안쪽 끝에 그의 영묘가 안치되어
있고 또한 초상화와 함께 백색 대리석 부조상이 마련되어 있어 그의 모습을 유
추해 볼 수 있다. 샤 네마톨라 발리의 묘는 영묘답게 건물의 내외가 하얀색이 대

사진 303 마한 샤 네마톨라 발리의 영묘 전경

부분이어서 정갈한 느낌을 준다. 영묘 건물의 외관이 어떠한지 궁금하여 밖에 나가 보니 노란색 1층과 2층으로 된 사각형 건물임을 금방 알게 된다. 그리고 영묘의 중심인 중앙 돔이 기하학적 문양을 입힌 채 푸른색 돔으로 하늘 높이 건물 중심에 서 있다. 또한 건물의 앞과 뒤쪽에 청색 타일로 치장된 망루형 미나레트가 각각 2개씩 서있어 마치 영묘를 전후에서 호위하는 느낌을 준다.

지진으로 무너진 밤 성을 찾아서

케르만의 동남방에 있는 밤(Bam)은 2003년에 진도 6.7의 강진이 발생하여 도시 전체가 대부분 파괴되었고 그로인해 사망자도 26,000명 이상 발생한 슬픈 역사를 가지고 있다. 그 때의 지진으로 이 도시가 자랑하는 세계 문화유산인 밤 성(Arge Bam)도 80퍼센트 이상이 파괴되었으며 그 파괴로 인하여 현재까지도 복구가 진행 중에 있다. 밤은 동서 교역로의 중심지로 7~11세기에 그 전성기를 누렸으며, 비단과 면직물 생산지로도 유명하다. 밤 성은 세계에서 가장 큰 진흙 성으로 진흙 벽돌을 하나하나 쌓아서 만든 이란의 대표적인 문화유산의 하나에 해당한다. 이 성의 기원은 아케메네스조까지 거슬러 올라가지만 오늘날 남아 있는 건물은 사파비조부터 카자르조 시기에 건축된 것이 대부분이다. 밤 성은 이슬람이 등장한 이후인 11세기까지 실크로드 상의 중요 무역로의 한 지점으로 전성기를 맞는다.

밤 성은 지진으로 인한 파괴에도 불구하고 아직 세계 문화유산으로 등재되어 있다. 밤 성에 가보면 이를 강조하듯 세계 문화유산 표지판이 여러 개 걸려 있다.

사진 304 밤 성 전경

이제 밤 성을 구체적으로 살펴보자. 먼저 정문 출입구 좌우에 반원형으로 된 돌출형 치가 있어 방문자를 감시하고 경계하는 임무를 띄는 구조물로 보여 진다. 정문 출입구의 좌우 성벽 아래로는 해자 흔적이 보이고 해자 바로 위의 흙더미는 무너진 상태로 남아 있다. 정문으로 들어오자 밤 성의 중심도로인 듯 일직선으로 길게 뻗은 도로가 있는데 도로 바닥은 자갈을 깔아 마감하였다. 곧이어 바자르였던 구간이 보이고 또 돔을 가진 건물이 나오며 밤 성의 중심인 관청 성곽이 보인다. 중심도로 좌우에 보이는 구역 안은 대부분 지진으로 무너져 있는 상태로 놓여져 있고 보수가 이루어진 부분은 정문에서 중심도로 양옆 구역과 맨 마지막에 보이는 중심 성곽 정도이다. 중심 성곽도 역시 중앙 문을 중심으로 좌우에 반원형으로 돌출된 치가 있고 그 중간에 있는 문을 통해 들어간다. 밤 성의 마지막에 보이는 중심 성곽은 관청으로 사용된 것으로 부분적으로 보수되어 있으나 아직도 많은 부분이 파괴된 상태로 남아 있다. 중심 성곽은 그 안 중앙에 큰 광장이 있지만 더 이상 올라가 볼 수 없다. 이는 아직 복구가 완전히 안된 상태라 안전상의 이유라 판단된다. 중심 성곽에서 내려다보는 밤 성의 규모는 정말 크지만 대부분 무너진 상태라서 처절한 감마저 든다. 그렇지만 무너진 건물이 흔적도 없이 완전히 사라진 것은 아니다. 대부분 지붕만 없어지고 몸체와 기단부분은 남아 있어서 그런대로 그 흔적은 느낄 수 있다. 중심 성곽에서 내려와 멀리서 그것을 다시 바라보니 일부 보수되어있기는 하지만 그 원형을 가늠할 수는 있는 정도다.

지진이 밤 성을 덮치지 않았다면 웅장한 밤 성의 본래 모습을 충분히 느낄 수 있었을 것이다. 하지만 현실은 그렇지 않아 많은 아쉬움이 남는다. 현재 보수가 많이 진행되어 있어 그런대로 밤 성은 볼 만하다고 생각된다. 유네스코에

서도 지진이 나 파괴된 밤 성을 보수하고 또 세계문화유산으로 그대로 유지시
킨 것만 보아도 밤 성이 지닌 역사성과 문화유산으로서의 가치는 충분히 인정
된다. 한국에서도 숭례문이 방화로 대부분 파괴되었으나 현재 국보로서 그 가
치는 그대로 인정되는 것과 같다. 세계의 모든 문화유산은 지진 등의 자연재해
이든 탈레반이나 최근의 IS와 숭례문의 방화사건 같은 인위적 파괴든지 언제
나 그 존재가 자유롭지 못하다. 하지만 그것을 보호하고 유지하는 힘은 다른데
서 나오는 것이 아니라 많은 사람들이 그 문화유산을 얼마나 애정을 가지고
보살피며 또 관심을 가져 주느냐에 달려 있다.

사진 305 무너진 밤 성의 잔해

3. 호라산 라자비의 주도인 마샤드

이맘 레자 사원으로 유명한 마샤드

마샤드(Mashhad)는 호라산 라자비의 주도로 북으로는 투르크메니스탄과 동으로는 아프가니스탄, 남으로는 야즈드 등의 주와 연결되어 있다. 호라산 라자비 주는 구소련의 일원이었던 투르크메니스탄과 중국과 인도로 갈 수 있는 아프가니스탄이 인접해 있어 전략적으로 중요한 주라 할 수 있다. 역사상 북방의 유목민족이 이란을 침공할 때에는 이곳을 거쳐 갔으며 또한 동서로 실크로드와 연결되는 요충지였다. 마샤드는 제8대 이맘인 레자의 묘가 있는 시아파의 성지로 인구는 테헤란에 이어 두 번째로 약 280만 명에 달한다. 테헤란에서 마샤드 간에는 버스로 13시간에서 14시간 걸리는 아주 먼 거리에 있다. 때문에 테헤란에서 마샤드를 가고자 하면 버스보다는 국내선 비행기를 이용하는 것이 편리하다고 할 수 있다. 이란은

사진 306 마샤드 이맘 레자 사원 입구에 걸린 히잡에 대한 찬양 간판

이웃인 터키와 마찬가지로 기차보다도 버스 교통이 발달한 나라에 속한다. 테헤란에서 마샤드 간은 매우 먼 거리로 버스로 이동하기에는 불편한 점이 있다. 그래서 이란 정부는 정치행정 수도인 테헤란과 종교와 신앙의 수도인 마샤드 간에 철도를 부설하려고 하는 계획을 진행하고 있다. 테헤란과 마샤드 간에 기차길이 완성된다면 좀더 편하고 안전하게 마샤드에 갈 수 있다. 버스 여행의 천국인 이란도 교통사고는 만만치 않아 테헤란같은 대도시는 도로교통에 무질서한 측면이 있다. 실제 장거리 버스여행 시에 버스에 문제가 생겨 후속 버스를 기다리느라 많은 시간을 소비하고 일정에 차질을 빚은 경우도 있다. 여행에서는 생각지도 않은 일이 발생하기 때문에 늘 경우의 수를 생각해 두어야 한다. 인생의 길도 마찬가지이다. 생각지도 않은 일이 발생하는 것이 인생이다. 여행의 길과 인생의 길은 한 몸이다. 여행을 통해 자신을 돌아보고 앞날을 설계한다. 특히 이란과

사진 307 마샤드 이맘 레자 사원의 황금 돔 앞

같은 미지의 나라에 자신의 몸을 맡겨 새로운 길을 개척한다는 것은 정말 값진 경험이 된다. 하루하루의 일정과 설계 그리고 찾아가는 길은 나를 설계하며 개척하는 길과도 같다. 이란여행을 성공적으로 수행하면 다른 어떤 이슬람권 나라도 수월하다. 그만큼 이란은 국토면적이 크고 볼거리와 먹을거리가 풍부하다.

이제 마샤드라는 도시로 돌아가 보자. 본래 마샤드라는 말 자체가 순교지라는 의미를 가지고 있어 마샤드가 이란 최대의 종교 성지로 많은 이란 사람이 찾고 있다. 그래서 필자도 마샤드를 꼭 가보고 싶어 일정에 집어넣었다. 이미 20세기 초 스웨덴의 세계적인 중앙아시아 탐험가인 스벤 헤딘도 그의 여행기에서 마샤드를 언급하고 있다. 스벤 헤딘의 자서전이 이미 국내에도 번역 소개된 바 있어 독자들에게 일독을 권한다. 미지의 세계에 대한 동경은 언제나 유효하다. 그것을 간접 경험하기 위해 우리는 다른 사람의 기행기를 읽는다. 가지 않는 길을 간 고대의 알렉산드로스 대왕 또 근대의 스벤 헤딘 등 언제나 선구자의 길은 고달프고 외롭다. 학문의 세계도 마찬가지이다. 남이 안하는 분야에 묵묵히 한 길을 간다는 것은 정말 어려운 일이다. 하지만 언젠가는 빛을 볼 날이 있다. 만리봉정도한 걸음 한 걸음 시작이다. 중국과 일본 그리고 이란 등 동아시아와 서아시아의 고대 문화와 역사를 천착하기 위해 필자는 한 걸음 한 걸음 만리봉정을 걷고 있다. 서아시아의 고대 세계를 보아야 동아시아의 고대를 제대로 해석할 수 있다. 이런 탐색의 과정에 슬픈 일도 기쁜 일도 다 겪게 되지만 이런 것이 인생이 아닌가 반추해 본다. 어쭙잖음이 세상에 판을 치지만 그러나 언제나 참이 결과를 빛낸다. 마샤드의 이맘 레자 사원에 머무르며 필자는 이런 깊은 상념에 빠져본다.

이제 이맘 레자 사원에 들어가 보자. 이맘 레자 사원은 다음과 같은 역사를 가

진다. 즉 12이맘파의 제8대 이맘인 이
맘 레자(Imam Reza)는 알리 레자라
고도 하는데 압바스조의 칼리프인 마
문에 의해 후계 칼리프에 선정되었으
나 818년 의문의 죽음을 맞는다. 이슬
람 시아파들은 그의 죽음에 대해 칼리
프인 마문에게 독살되었다고 주장한
다. 12이맘파는 역대 이맘이 모두 12
명 배출한 것에 대해 나온 이름이다.
시아파의 여러 종파 중에 최대의 신자
를 자랑하고 있으며 이란의 국교이기
도 하다. 이맘 레자가 죽자 그를 묻은
곳이 바로 이맘 레자 사원으로 현재 마
샤드에서 볼 수 있는 이맘 레자 사원은
사파비조 당시에 건축된 것이다. 이맘

사진 308 이맘 레자 사원의 미나레트

사진 309 이맘 레자 사원의 회랑

레자 사원은 마샤드의 중심가에 있는데 시내 호텔에 여정을 풀고 쉽게 찾아갈
수 있는 거리에 있다. 사원 주변에는 검은 색 히잡을 쓴 여인들이 사원을 들어가
기 위해 모여 있는 모습이 많이 보인다. 이맘 레자 사원 주변 말고도 마샤드의
시내에서 만나는 검은색 히잡을 착용한 여성이 이란의 다른 도시보다도 상당히
많다. 이는 마샤드가 이슬람 시아파의 성지이기 때문에 나타나는 현상이다. 그
래서 그런지 마샤드 시내를 다니다 보면 이란의 다른 도시보다는 분위기가 좀

다르다. 사원은 물론 바자르 등에서도 좀더 경직된 분위기를 느낄 수 있다.

이참에 이란은 물론 전 세계 이슬람권에 거주하는 여성이 외출 시에 착용하는 겉옷에 대해 살펴보자. 먼저 히잡에 대해 알아보면 히잡은 머리와 가슴 일부만을 가리는 것으로 얼굴은 가리지 않는다. 이란 여성이면 누구나 히잡을 착용하는데 히잡의 색깔도 다양하고 일부 멋을 내지만 검은 색이 주류를 이룬다고 할 수 있다. 특히 젊은 여성은 색상도 화려한 것을 쓰지만 히잡으로 머리 전체를 가리는 것보다는 정수리 부근까지 노출하는 경향이 많다. 대신에 나이든 여성들은 대부분 이마와 머리 전체를 가리며 검은색이 주종이다. 다음으로 차도르는 망토형 옷으로 머리부터 시작해 온몸을 감싸는 것으로 색상은 주로 검정색이 대부분이다. 이란에서 차도르는 젊은이들도 이를 입으나 나이 먹은 여성들이 주로 착용한다. 차도르가 얼굴 전체를 보이도록 하는데 비해 니캅은 눈 부위만 살짝 내놓는 외출용 옷이라고 할 수 있다. 반면 부르카는 얼굴과 온몸을 가리고 눈 부위도 망사로 된 천으로 가려 이상의 예를 들은 것 중에 가장 폐쇄적인 착용법이라 할 수 있다. 아프가니스탄의 탈레반이 자국 여성들에게 부르카 착용을 강요한 것은 널리 알려진 사실이다. 이란의 히잡 착용 관습과 더불어 종종 비교될 수 있는 터키의 예를 들어보자. 터키는 인구가 약 8,000만 명에 육박하며 인구의 대부분이 수니파를 이루는 이슬람 국가이지만 초대 대통령인 케말 파샤 이후 철저한 세속주의 전통을 가지고 있다. 따라서 여성들이 외출시에 히잡을 착용하면 안되는 전통을 유지하여 왔지만 현 에르도안 대통령 정부는 이 착용 금지를 풀었다. 이 같은 반세속주의 경향에 반발하는 군부 쿠데타가 2016년 7월 터키에서 발생하기도 하였다.

이처럼 이슬람권 여성이면 반드시 착용해야 하는 머리 및 몸 가리개는 그 모양과 형식 그리고 착용법이 각 나라마다 조금 다르다. 필자가 이맘 레자 사원을 찾아보니 사원 정문 입구에 히잡이 주는 아름다움과 그 명예에 대해 찬양하고 있었다. 이는 마샤드가 이슬람 시아파의 종교 수도이고 이맘 레자 사원을 찾는 많은 사람들이 남성은 물론 여성들도 상당수이기 때문에 이 같은 표식을 붙였을 것이다. 현재 이맘 레자 사원은 사원 당국의 별도 허가를 받은 뒤에나 출입할 수 있으며, 사진 촬영도 일체 금지가 되어 있다. 다만 핸드폰은 제한된 구역에서만 허용된다.

이제 시아파의 종주국인 이란을 방문하면 꼭 찾아가야 하는 이맘 레자 사원 안을 들어가 보자. 사원 정문 쪽에 청색과 황금색으로 치장한 대형 미나레트가 2개 서있는 것이 보이는데 일단 안으로 들어오자 첫 번째 넓은 사각형 광장이 나온다. 이어 정문 맞은 편에 2개의 미나레트를 가진 대형 청색 돔이 방문객을 맞이한다. 두 번째 광장에는 이맘 레자 사원의 중심구역으로 많은 순례자들이 광장의 중심에 위치한 분수형 욕조에서 손과 발을 씻고 있다. 분수형 욕조 주변의 드넓은 광장에는 카펫이 곳곳에 깔려 있어 순례객들은 앉아서 이야기하거나 쉬고 있다. 그러면서 이맘 레자 사원의 가장 큰 핵심구역인 황금 돔에 들어가 예배할 준비를 하며 기다린다. 황금돔은 황금색 아치형 구조로 된 문을 통과해야 하는데 여기에는 황금색 미나레트 하나가 서있다.

사원 내 대형광장 너머 한 곁에는 박물관이 마련되어 있다. 박물관 안에는 각종 이슬람 관련 물품을 진열 전시하고 있는데 사원을 장식했던 화려한 문양의 타일 등이 돋보였다. 또한 선사시대부터 근대에 이르기까지 이란의 각종 동전을 모은 전시실이 나온다. 이곳은 최대의 동전 컬렉션으로 평가받을 만큼 이란에서 가장 많은 동전을 수집하여 전시해 놓고 있다. 이맘 레자 사원을 방문하는 사람들은 사원 안에 이런 동전 컬렉션이 있다는 것이 믿기지 않을 정도로 참관에 많은 유익한 시간을 보낼 수 있다.

이맘 레자 사원에서 좀 떨어진 시내 거리에서도 이맘 레자 사원의 두 미나레트는 잘 보인다. 그만큼 이맘 레자 사원은 마샤드의 중심이고 랜드마크에 해당한다. 사원 앞에 길게 뻗어 있는 대로 주변에는 바자르가 형성되어 있어 의류, 식품 등 각종 물산으로 이맘 레자 사원의 참관과 함께 또 다른 묘미를 준다.

4. 투스와 니샤푸르의 시인 영묘를 찾아서

페르도우시의 영묘와 아타르 니샤푸르의 영묘 그리고 하이얌 영묘

　내가 머문 호텔에 마샤드 인근에 찾아가볼 유적지가 없느냐 물어보니 다음과 같은 시인들의 영묘를 추천한다. 그래서 나는 호텔에 택시를 소개받고 하루일정을 떠났다. 마샤드 근교에 산재한 시인들의 영묘를 찾아가는 길은 외국인이 찾기 어려워 택시를 대절해야 갈 수 있다. 역사상 이란에는 신비주의 계열

사진 310 페르도우시 영묘

의 시인이 다수 있었는데 그 대표적인 사람들이 페르도우시(Ferdosi), 하이얌(Khayyam), 루미(Rumi), 사디(Sadi), 하페즈(Hafez) 등이다. 마샤드 서북 교외의 얼마 안되는 지점에 위치한 투스(Tus)라는 도시에는 이란의 대표적인 시인 중의 한 명인 페르도우시의 영묘가 있다. 영묘는 공원 식으로 꾸며져 있어 공원 안 중앙에는 페르도우시의 기념관이 대리석으로 세워져 있고 또 한쪽 곁에는 그의 대리석 상이 서 있다. 이와 함께 박물관도 기념공원 내에 구비되어 있어 그를 이해하는데 많은 도움을 준다. 페르도우시는 이란의 5대 시인 중에 가장 앞선 시기를 살던 사람으로 940년에 나서 1020년에 사망하였는데 그의 장편 서사시인 『샤나메(Shanameh)』를 25년간에 걸쳐 약 6만 어구로 완성하였다고 한다. 이 장편 서사시에서 그는 천지창조로부터 시작하여 사산조에 이르기까지 고대 페르시아 민족의 역사와 전설을 다루고 있다. 이는 『일리아스』와 『오디세이아』의 작자인 고대 그리스의 서사 시인인 호메로스와도 비견된다. 또한 인도가 세계에 자랑하는 대장편 서사시로 영화 아바타에 영감을 준 『마하바라따』와도 비견되는 이란의 대표 장편 서사문학에 해당한다.

아타르 니샤푸르의 영묘는 니샤푸르(Nishapur)라는 도시에 있다. 니샤푸르는 호라산 라자비 주에서 두 번째 도시로 마샤드에서 서남쪽으로 64km 지점에 위치한다. 니샤푸르는 오마르 하이얌이 태어난 도시로도 유명한데 13세기 몽골의 침입으로 대부분 파괴당한다. 니샤푸르는 테헤란에서 아프가니스탄으로 가거나 또는 더 멀리 인도에 이르는 카라반들의 통로이기도 하다. 아타르 니샤푸르 시인의 영묘가 파란 돔을 가진 형태로 이곳에 있는데 니샤푸르는 이곳 지방의 이름이고 아타르는 시인 또는 예술가를 지칭한다. 아타르 니샤푸르는 1145

사진 311 니샤푸르의 영묘

년에 태어나 1220년에 사망한 신비주의인 수피즘(Sufism) 시인으로 후세의 루미, 하페즈 등에 영향을 끼쳤다. 수피즘은 이슬람 신비주의 사상으로 철저한 금욕주의 바탕에 수행과 고행을 행하는 시아파의 한 분파에 해당한다. 반면 수니파는 수피즘을 비아랍적인 전통이라 하여 이를 인정하고 있지 않다. 아타르 니샤푸르의 생애에 관해서는 거의 알려진 바 없으나 1221년 4월 몽골의 무자비한 니샤푸르 침공 시기에 그도 함께 죽은 것으로 알려지고 있다. 현재 그의 영묘는 16세기에 지어진 것으로 레자 샤 시절인 1940년에 대대적인 보수가 있었다. 그의 주요 작품으로『성인(聖人)의 기념식』과『새들의 회의』등이 있다.

한편 19세기에 영국의 작가 겸 번역가인 에드워드 피츠제랄드가 아타르 니샤푸르의 시를 영역하여 서구사회에 소개하자 인기를 얻게 된다. 그러는 가운데 그 무렵 미국에서는 매사추세츠 주 출신인 랜터 윌슨 스미스가 아타르 니샤푸르의 영향을 받은 시를 발표하여 큰 반응을 얻는다. 이중에 '이것 또한 지나가리라 (Soon it shall also come to pass)'는 국내에도 널리 알려진 시로, 행복이 곧 슬픔이 되고 슬픔이 곧 행복이 된다는 의미로 '이 세상에 영원한 것은 없다'라는 교훈을 가르쳐 주고 있다. 삶과 죽음의 의미에 대해 또 하나의 교훈을 주는 작가는 버나드 쇼이다. 죽음은 누구에게나 피할 수 없다. 어떻게 죽느냐는 어떻게 사느냐 하고도 연결된다. 이쯤에 버나드 쇼의 자전적 연대기를 읽어보며 그 의미를 살펴볼 필요가 있다. 마침 최근 국내에 그의 연대기가 번역 소개되어 도움을 준다.

마지막으로 하이얌 영묘를 찾아간다. 니샤푸르에는 또 하나의 시인 영묘가 있는데 바로 하이얌 영묘이다. 하이얌 영묘도 역시 공원 식으로 꾸며져 있는데 그의 시를 새긴 5각형 석비를 비롯하여 흉상이 대리석으로 만들어져 유리곽 안에 모셔져 있다. 공원의 제일 끝에는 그의 시를 새긴 석비 위에 이를 감싸듯 하늘로 치솟는 모양의 구조물이 세워져 있다. 또한 공원 입구 한 쪽 곁에는 하이얌에 대해 알 수 있는 작은 박물관이 위치하여 있다. 이제 하이얌에 대해 구체적으로 알

사진 312 하이얌의 영묘

아보면 하이얌은 중세 페르시아의 수학자이자 천문학자이며 또 시인이기도 하다. 그는 1047년에 나서 1123년에 세상을 떠난다. 하이얌은 영혼불멸이나 최후의 심판설에 대해 이의를 제기하였고 또 영원한 절대 진리가 코란에 서술되어 있지 않다고 주장한다. 그리하여 당대의 많은 이슬람 성직자들로부터 박해를 당한다. 그의 4행 시집인 루바이야트를 19세기 에드워드 피츠제럴드에 의해 영역되어 서구에 널리 알려지게 된다. 한편 천문학자로서 하이얌이 만든 달력은 16세기 교황 그레고리가 만든 그레고리 달력보다 더 정확하였다고 한다.

이쯤해서 이란에서 페르도우시를 비롯하여 하이얌, 하페즈에 이르기까지 각 연대별로 위대한 시인이 다른 나라에 비해 많이 배출된 것은 어떤 현상일까 궁금해진다. 이는 무엇보다도 과거 페르시아 민족의 활달하고 개방적인 민족성과 함께 자연환경에 힘입은 바 크다고 생각된다. 산고수려하고 드넓은 광야가 많은 페르시아의 대지 속에 위대한 시인이 다수 배출되는 것은 자연스러운 일이다. 필자가 이란의 곳곳을 다녀보니 위대한 시인들이 이란에 왜 많이 배출된지 이제야 알 것 같다. 위대한 산하에 위대한 시인들이 탄생하는 것이다.

이란 유일의 목조 사원인 추비와 이맘 레자 전설이 있는 가담가흐

니샤푸르에는 이란에서 좀처럼 보기 힘든 나무로 만든 이슬람 사원이 있는데 그 이름을 추비(Chubi)라 한다. 사원은 그리 크지 않은 규모로 나무로 지은 1층 본당 건물에 망루를 가진 두 개의 미나레트가 하늘을 향해 서 있는 건물이

사진 313 나무로 만든 추비 사원

다. 1층 내부는 밖이 틔인 테라스와 벽체를 나무로 처리한 실내 등으로 구분된다. 또 1층 실내는 벽체와 천장 모두 나무를 이어 붙여 마감하여 시원한 느낌을 준다. 본당 건물 옆에는 또 하나의 작은 일자형 목조 건물이 있는데 사원의 부속시설 건물로 보인다. 이 건물은 계단을 통해 2층으로 올라가는데 2층에는 본당 건물과는 다르게 나무로 된 의자와 칸막이가 붙어 있는 책상이 여러 개 있다. 건물 내부의 천장과 벽체는 본당 건물처럼 나무로 이어 붙였는데 벽면 상단에는 이맘 레자의 초상화가 걸려 있다. 추비 사원은 본당과 부속 건물 모두 나무로 지어진 것으로 이란에서는 좀처럼 보기 어려운 목조 건물에 해당한다.

추비 사원에서 차로 얼마 안되는 거리에 가담가흐가 있다. 즉 마샤드로부터 서남쪽 방향에 있는 니샤푸르 근방에는 가담가흐(Qadamgah)라는 푸른 색 돔을 가진 모스크가 있어 이란인에게 유명하다. 이 사원에는 이맘 레자가 이곳을 방문하여 그의 발자국을 남겼다는 이야기가 전해 내려온다. 본당 건물은 그리 크지 않으나 이맘 레자와 관련된 전설이 있기에 순례객들이 많이 찾는 곳이다. 더구나 이 사원 전방에는 가담가흐 카라반 사라이가 형성되어 있어 이곳이 과거 실크로드 교역 중심의 하나로 번창하였음을 알 수 있게 한다. 실제 카라반 사라이 건물 앞에는 대상들의 모습을 재현하는 낙타 모형이 세워져 있다. 서아시아 구간의 실크로드는 우즈베키스탄의 사마르칸드에서 이란의 마샤드와 니샤푸르를 거쳐 테헤란 남쪽의 레이를 거쳐 지나간다. 실크로드의 한 흔적을 니샤푸르의 가담가흐에서 확인할 수 있는 것은 행운이다. 아무튼 가담가흐는 이맘 레자의 발자취를 더듬을 수 있고 또 카라반 사라이를 살필 수 있는 이중의 효과가 있어 니샤푸르를 방문하는 여행객이라면 한번 찾아갈 필요가 있다.

사진 314 가담가흐 모스크

5. 카스피 해와 마주한 마잔다란 주

카스피 해를 보기 위해 사리를 가다

마잔다란 주는 카스피 해에 면한 이란의 북부 주로 동으로는 골레스탄 주와 접하고 남으로는 테헤란과 서로는 길란 주와 접한다. 남쪽에는 엘부르즈 산맥과 북으로는 카스피 해 사에 낀 분지와 같은 지형을 가지고 있어 지중해성 기후를 보인다. 마잔다란 주가 접한 카스피 해는 이란의 다른 주, 예를 들어 동쪽의 골레스탄 주와 서쪽의 길란 주보다도 가장 길은 면적을 접한다. 따라서 마잔다란 주는 이란의 다른 주보다도 카스피 해와 가장 밀접한 관계를 가진다고 할 수 있다. 마잔다란 주가 접한 카스피 해는 길이가 1,200㎞에 이르고 폭은 300㎞을 가지고 있다. 또 그 면적은 남북한의 두 배에 가까운 약 40만㎢에 달한다. 따라서 세계에서 가장 큰 면적을 자랑하는 호수인 카스피 해를 바다로 볼지 아니면 호수로 볼지 의견이 아직도 분분하지만 더 정확히 말한다면 바다와 호수의 성격을 모두 지닌다고 할 수 있다. 필자가 마잔다란 주의 주도인 사리를 찾는 이유도 차로 엘부르즈 산맥을 넘어보는 것도 있지만 또한 카스피해를 이 마잔다란 주 쪽에서 보려는 의도도 가지고 있기 때문이다. 실제 나는 사리에서 일정의 하나로 차를 빌려 타고 카스피 해 쪽으로 달려 가보았다. 카

스피 해의 해변 가에는 해수욕장이 형성되어 있다. 2016년 봄 아직 해수욕 시
즌이 아니라서 사람들이 많이 오지는 않았지만 사리에서 보는 카스피 해라는
의미로 나는 바다를 한참 바라볼 수 있었다.

　사리(Sari)는 마잔다란 주의 주도로 고대로부터 카스피 해 연안에 임한 동서
교통로의 요충으로 인구는 약 26만 명에 이른다. 사리 중심광장에는 하얀 색
으로 된 3층 시계탑이 있어 여행자의 마음을 끄는데 이 시계탑 광장에서 좀
더 가면 이맘 저데 건물을 볼 수 있다. 시내 거리는 이란의 어느 도시와 다를
게 없지만 노란 색 택시들이 줄지어
서 있는 모습이 인상적이다. 사리에
서 볼만한 유적으로 추천할 수 있는
건물은 이맘 저데인데 이는 무슬림의
가족묘 또는 기도처라고 할 수 있다.
사리 시내 중심가에서 볼 수 있는 건
물은 압바스 이맘 저데이고 또 다른
이맘 저데 등도 있지만 그 모양은 대
동소이하다. 대개 상단은 원추형에
하단은 원형 또는 사각, 팔각 모양으
로 지어진 것이 많이 있다.

　사리에서 키스피 해 방향의 서쪽으
로 가다 보면 바볼(Babol)을 지나 아
몰(Amol)이 나오는데 이곳에서도 묘

사진 315 사리 아몰의 이맘 저데

사진 316 사리 보조르그 영묘

지형 고깔 지붕을 한 이맘 저데가 보인다. 특히 보조르그 영묘는 마잔다란 주에
서 가장 중요한 역사적 건축물의 하나로 현재 남아 있는 건물은 17세기 사파비
조 때에 지어졌다. 보조르그 영묘는 적벽돌을 쌓아 올려 사각형으로 매듭지었는
데 건물 한쪽 면에 이슬람 기하학적 문양을 청색 타일로 마감한 것이 보인다. 특
히 정문 출입구의 상단 아치형 구조에 남아 있는 문양은 지금 많이 떨어져 나가
있는 상태이기는 하지만 청색과 노란색 타일을 적절히 붙여 장식한 점은 매우 돋
보인다. 이처럼 사리와 그 주변 도시인 아몰에는 이맘 저데 건물이 많이 남아 있
어 이란의 다른 도시와는 좀 더 색다른 분위기를 만들어 낸다.

사리에서 테헤란으로 가기 위해 또는 그 반대인 경우에는 4시간 반 이상 버스를 타고 엘부르즈 산맥을 넘어야 하는데 도중에 이 산맥의 최고봉인 다마반드(Damavand) 산을 볼 수 있다. 이 다마반드 산은 해발 5,671m로 터키에서 가장 높은 산인 아라라트(Ararat) 산의 높이인 5,185m 보다도 높은 산으로 이란은 물론 중동 지역에서 가장 높은 산이며 또 아시아 전체에서도 가장 높은 화산에 속한다. 다마반드 산은 마잔다란 주 아몰의 남서쪽과 테헤란의 북동쪽 약 70㎞ 지점에 있는 산으로 성층 화산에 속한다. 다마반드는 '정령들이 사는 곳'이라는 뜻으로 조로아스터교의 성지며 또 노아의 방주가 이곳에 정착했다는 전설이 있다. 물론 터키의 아라라트 산도 노아의 방주 전설이 있는 곳이다. 결국 서아시아에는 다마반드 산을 비롯하여 아라라트 산에 이르기까지 노아

사진 317 사리 시내 북쪽에서 보는 카스피 해

의 방주와 관련된 산이 두 곳에 보이는 셈이다. 노아의 방주 전설은 기원전 2천년에 출현하는 메소포타미아 지방의 홍수 신화 영향이 서아시아 지방까지 널리 퍼진 결과라고 생각된다.

 필자는 노아의 방주 설화가 깃든 다마반드 산을 먼발치에서 나마 보기 위해 이 엘부르즈 산맥을 넘어 사리에서 테헤란으로 넘어가는 버스를 타보기로 했다. 길은 험하고 고불고불하지만 차창으로 보이는 주변 풍광은 매우 아름다웠다. 산자락 중간 중간에 집들이 옹기종기모여 하나의 마을이 형성되어 있는 것도 시야에 보인다. 사리에서 테헤란으로 넘어가는 길은 이처럼 거대한 엘부르즈 산맥을 넘어가야 한다. 사리에서 차가 테헤란으로 출발한지 많은 시간 끝에 다마반드 산은 살며시 나의 눈에 나타난다. 해발 5,671m를 자랑하는 다마반드 산은 산정상은 물론 그 주변이 온통 눈으로 뒤덮혀 있다. 서아시아 최고의 산으로 또는 조로아스터교의 성지로 각인된 다마반드 산은 그렇게 나의 시야에서 사라진다. 이렇게 해서 이란 여행의 출발지인 테헤란에 다시 돌아오게 되며 나의 이란 여행은 끝나게 된다.